Skripte zur Mathematik

Einführung in die Analysis

von

Christian Wyss

Skripte zur Mathematik

Einführung in die Analysis

von

Christian Wyss

mathema

Verlagslabel: mathema (www.mathema.ch)

ISBN   Hardcover: 978-3-384-13911-5
            Paperback: 978-3-384-13910-8

Auflage 1.0

Druck und Distribution im Auftrag des Autors:
tredition GmbH, Heinz-Beusen-Stieg 5, 22926 Ahrensburg, Germany

Die Philosophie steht in diesem grossen Buch geschrieben, das unserem Blick
ständig offen liegt – ich meine das Universum –; aber das Buch ist nicht zu
verstehen, wenn man nicht zuvor die Sprache erlernt und sich mit den Buchstaben
vertraut gemacht hat, in denen es geschrieben ist. Es ist in der Sprache der
Mathematik geschrieben, und deren Buchstaben sind Kreise, Dreiecke und andere
geometrische Figuren, ohne die es dem Menschen unmöglich ist, ein einziges Bild
davon zu verstehen; ohne diese irrt man in einem dunklen Labyrinth herum.
Galileo Gallieli: „*Il Saggiatore*" (1623)

Inhaltsverzeichnis

Einleitende Worte

Diese Skripte zur Mathematik sind im Rahmen des Gymnasialunterrichts entstanden. Sie können als eigenständiges Lern- und Übungsmaterial eingesetzt werden. Sie sind jedoch primär als **unterrichtsbegleitendes Material** konzipiert. Eine Einführung und Anleitung durch eine Lehrperson wird daher empfohlen.

Die Skripte enthalten **Lückentexte**. Sie dienen der Festigung des erworbenen Wissens und sollten im Plenum mit der gesamten Klasse ausgefüllt werden. Diese handschriftlichen Einträge helfen, die Schlüsselbegriffe und Aussagen zu verinnerlichen und Herleitungen und Beweise besser nachzuvollziehen.

Zu den Übungen

Um den Stoff zu vertiefen und zu festigen, halte ich es für unerlässlich, dass die Schülerinnen und Schüler eine Vielzahl von Übungen lösen. Die Skripte enthalten daher viele Übungen, die nicht nur das Erlernte festigen, sondern auch inner- und aussermathematische Anwendungen aufzeigen. Einige Übungen sind bewusst anspruchsvoller gestaltet und gehen über den üblichen Lehrstoff hinaus, können jedoch bei Bedarf übersprungen werden. Ein Stern ★ markiert, dass es sich bei der Aufgabe um eine zusätzliche Übung handelt, die über den obligatorischen Lernstoff hinausgeht. Im Folgenden werden die unterschiedlichen Übungstypen kurz erläutert.

Einstiegsbeispiel

Ein Einführungsbeispiel stellt eine Aufgabe dar, die eine neu einzuführende Thematik exemplarisch vorstellt. Diese Aufgabe soll die grundlegenden Begriffe der neuen Thematik vorwegnehmen und damit einführen. Dabei darf die Aufgabe einen gewissen Anspruch haben. Ein gemeinsames Lösen dieser Aufgaben im Plenum oder eine detaillierte Besprechung empfiehlt sich, um das Verständnis zu fördern.

Grundaufgaben

Eine Grundaufgabe ist eine Übungsaufgabe, die von den Schülerinnen und Schülern routiniert und sicher gelöst werden sollte. Durch die Bearbeitung mehrerer dieser Aufgaben sollen die Lernenden die Struktur verstehen und sich mit dem Lösungsweg vertraut machen, um ihn anschliessend situationsbezogen bei weiterführenden Aufgaben anwenden zu können.

Erarbeitungsaufgaben

Erarbeitungsaufgaben sind konzipiert, um den Lernstoff zu entwickeln und die Schülerinnen und Schüler konstruktivistisch an die neue Theorie heranzuführen.

Anwendungsaufgaben

Das erworbene theoretische Wissen hat in der Regel sowohl inner- als auch aussermathematische Anwendungen. Anwendungsaufgaben sollen die Fähigkeit zur Mathematisierung fördern und die Anwendbarkeit des Gelernten verdeutlichen.

Beweisaufgaben

In Beweisaufgaben lernen die Schülerinnen und Schüler, selbstständig einfache Beweise zu führen.

Zu den Titelbildern

Die Titelblätter bieten die Möglichkeit, verschiedene Aspekte der Mathematik mit den Schülerinnen und Schülern zu thematisieren. Dies umfasst insbesondere folgende Bereiche:

Mathematik und Ästhetik

Mathematik und Kunst stehen auf vielfältige Weise in Beziehung. Ihre Verbindung zeigt sich in Musik, Malerei, Architektur, Skulptur und Textilgestaltung etc. Die Titelblätter zielen darauf ab, die Schönheit der Mathematik anhand der bildenden Kunst aufzuzeigen.

Rechenhilfsmittel

„Es ist unwürdig, die Zeit von hervorragenden Leuten mit knechtischen Rechenarbeiten zu verschwenden, weil bei Einsatz einer Maschine auch der Einfältigste die Ergebnisse sicher hinschreiben kann." G. W. Leibniz (1673).
Der Mensch hat bereits in der Frühzeit Rechenhilfsmittel entwickelt, angefangen vom Kerbholz über mechanische Rechenmaschinen bis hin zu analogen und digitalen Computern. Die Titelblätter illustrieren diese Entwicklung.

Geschichte der Mathematik

Die Geschichte der Mathematik reicht zurück bis ins Altertum und den Anfängen des Zählens in der Jungsteinzeit. Mathematik wurde und wird in allen Kulturkreisen praktiziert. Die Titelblätter thematisieren bedeutende Werke der Mathematik sowie herausragende Mathematikerinnen und Mathematiker, die die Entwicklung dieser Disziplin massgeblich beeinflusst haben.

Zu den Inhalten

Allgemeines

Behandelter Stoff

Die vorliegenden Skripte vermitteln die Grundlagen der Arithmetik und Algebra. Dies umfasst insbesondere das Vereinfachen von Termen, das Lösen von Gleichungen sowie den Umgang mit Bruchtermen und Potenzen. Eine umfangreiche Auswahl an Übungen steht zur Verfügung. Es wird empfohlen, dass die Lehrperson eine geeignete Auswahl trifft, während die zusätzlichen Übungen für die Repetition vor einer Lernzielkontrolle genutzt werden können.

Notwendiges Vorwissen

Die Aufteilung des Stoffes in mehrere Skripte dient der Flexibilität bei der Gestaltung des Unterrichts. Da Mathematik eine stark hierarchische Struktur aufweist, kann der Stoff nicht in beliebiger Reihenfolge bearbeitet werden. Die Skripte sind in einer möglichen Bearbeitungsreihenfolge angeordnet.

Die Skripte in diesem Sammelband behandeln Inhalte des fortgeschrittenen Curriculums. Dementsprechend werden bei allen grundlegende mathematische Kenntnisse vorausgesetzt. Dazu gehören Kenntnisse in Arithmetik und Algebra: Termumformungen, Gleichungen (insbesondere lineare und quadratische), Potenzen und Logarithmen usw. Zudem sollten die elementaren Funktionstypen (lineare, quadratische, Polynom- und Potenzfunktionen, Exponentialfunktionen und trigonometrische Funktionen etc.) bekannt sein.

Im Folgenden wird kurz dargelegt, welches spezifische Vorwissen für jede Einheit zusätzlich erforderlich ist.

Folgen und Reihen

Behandelter Stoff

Der Begriff der Folge wird eingeführt: Folgen werden aufzählend, explizit und rekursiv dargestellt. Die arithmetische und die geometrische Folge werden ausführlich diskutiert und ihre Reihen werden untersucht. Darüber hinaus wird der Begriff des Grenzwerts (Limes) behandelt, und Grenzwerte werden berechnet. Es werden eine Vielzahl von inner- und aussermathematischen Anwendungen behandelt.

Notwendiges Vorwissen

Es werden keine mathematischen Fähigkeiten über das bereits erwähnte grundlegende Vorwissen hinaus vorausgesetzt.

Finanzmathematik

Behandelter Stoff

Die Unterschiede zwischen dem Ratensparen und verschiedenen Arten von Krediten (wie Konsumkredit und Hypothek) werden anhand von Beispielen aufgezeigt.

Notwendiges Vorwissen

Es werden keine mathematischen Fähigkeiten über das bereits erwähnte grundlegende Vorwissen hinaus vorausgesetzt. Vertrautheit mit den Konzepten von Folgen und Reihen ist jedoch von Vorteil.

Differentialrechnung I

Behandelter Stoff

Das Konzept der momentanen Steigung und der Steigungsfunktion wird zunächst eher intuitiv eingeführt. Anschliessend wird der Begriff der momentanen Steigung mithilfe des Differenzenquotienten präzisiert und dem Differentialquotienten definiert. Dabei werden erste Ableitungsregeln erarbeitet.

Notwendiges Vorwissen

Vertrautheit mit den Konzepten des Grenzwertes (Limes) und die Fähigkeit, Grenzwerte zu berechnen, werden vorausgesetzt. Darüber hinaus sind keine mathematischen Fähigkeiten über das bereits erwähnte grundlegende Vorwissen hinaus notwendig.

Differentialrechnung II

Behandelter Stoff

Die Ableitungen der elementaren Funktionen werden eher intuitiv erarbeitet und teilweise auch bewiesen. Zudem werden die Ableitungsregeln eingeführt und hergeleitet. Das Hauptgewicht liegt auf dem Erwerb des Handwerks des Ableitens. Des Weiteren werden erste innermathematische Anwendungen gelöst (Tangenten an Kurven, Steigungswinkel etc.).

Notwendiges Vorwissen

Der Differentialquotient und seine Bedeutung sowie der Begriff der Steigungsfunktion müssen bekannt sein. Darüber hinaus sind keine mathematischen Fähigkeiten über das bereits erwähnte grundlegende Vorwissen hinaus notwendig.

Differentialrechnung III

Behandelter Stoff

Es werden die Aussagen der Ableitung einer Funktion über das Steigungs- und Krümmungs-verhalten der Graphen diskutiert. Dabei werden die Begriffe der Extremal-, Terrassen- und Wendestelle eingeführt. Eine Funktion wird beispielhaft diskutiert (Definitionsbereich, horizontale und vertikale Asymptoten, Nullstellen, Terrassen- und Extremalstellen, Wendestellen) und anschliessend werden viele Übungen dazu gelöst. Die Differentialrechnung wird zur Lösung von Extremwertaufgaben und zum numerischen Lösen von Gleichungen (Newton-Raphson-Verfahren) angewendet.

Notwendiges Vorwissen

Die Schülerinnen und Schüler müssen in der Lage sein, Funktionen abzuleiten und die Bedeutung der Ableitung verstehen.

Integralrechnung

Behandelter Stoff

Das unbestimmte Integral wird als Umkehrung der Ableitung eingeführt. Die Integrationsregeln werden erarbeitet (einschliesslich partieller Integration und Integration durch Substitution) und intensiv geübt. Das bestimmte Integral wird als (orientierter) Flächeninhalt unter dem Funktionsgraphen eingeführt und zunächst geometrisch berechnet (auch mit Ober- und Untersummen). Der Hauptsatz der Integral- und Differentialrechnung führt die beiden Integrale zusammen und bestimmte Integrale werden mithilfe dieses Satzes berechnet (einschliesslich uneigentlicher Integrale). Die Integralrechnung wird zur Berechnung von Flächeninhalten (zwischen Graphen von Funktionen) und Volumina (Rotationskörper) angewendet. Zudem werden einige (vorwiegend physikalische) Anwendungen diskutiert.

Notwendiges Vorwissen

Vertrautheit mit der Differentialrechnung wird vorausgesetzt, insbesondere mit den Ableitungs-regeln. Für das Konzept der Definition des Integrals mit Hilfe von Ober- und Untersumme muss der Begriff des Grenzwertes bekannt sein und die Schülerinnen und Schüler müssen in der Lage sein, Grenzwerte zu berechnen.

Analysis
Folgen und Reihen

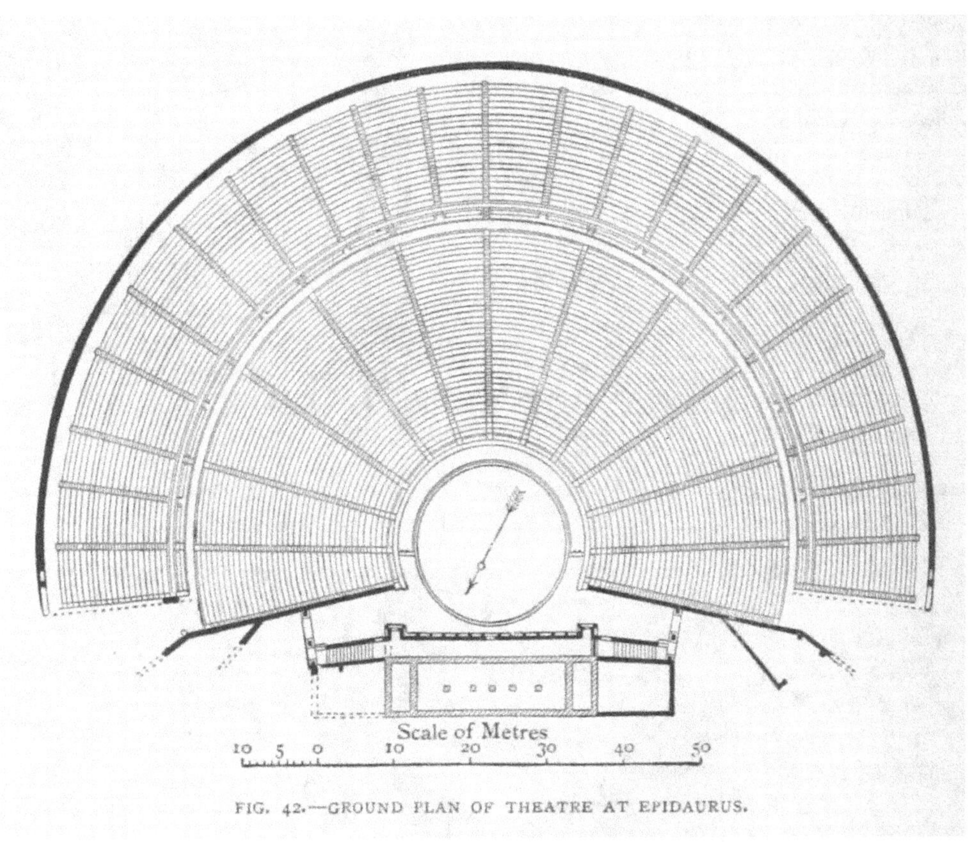

FIG. 42.—GROUND PLAN OF THEATRE AT EPIDAURUS.

Das imposanteste und auffälligste Bauwerk von Epidauros ist zweifellos das grosse, in einen Hang gebaute Theater mit grandiosem Blick auf die Berglandschaft der Argolis. Es stammt aus dem 3. Jh. v. Chr., also aus hellenistischer Zeit und gilt als das am besten erhaltene der Antike. Das Theater verfügt über eine exzellente Akustik, sodass man auch von den hintersten Reihen jedes Wort verstehen kann. In der ersten Reihe sind 40 Plätze; in jeder folgenden Reihe sind jeweils zwölf Plätze mehr als in der vorhergehenden Reihe. Wie viele Sitzplätze hat es in der 32.ten Sitzreihe? Wie viele Plätze hat es in den ersten 32 Sitzreihen insgesamt?

1. Gezogene Nudeln (La mian 拉麵)
[拉 (la) = ziehen, dehnen / 麵 (mian) = Nudel]

Die islamische Bevölkerung Chinas (Uiguren) stellt
Nudeln auf eine sehr virtuose Art von Hand her. Die
Nudeln werden von Hand gezogen, das geschieht so:
Zuerst nimmt der Nudelkoch ein Stück Teig. Er
zieht die beiden Enden in der Luft bis auf etwa 1 m
auseinander. Anschliessend schleudert er die Teig-
nudel gekonnt nach oben und unten, wobei sich die
Länge des Teiges verdoppelt. Unmittelbar beim letzten
Schleudern nach unten verdrillt er diese lange Teig-
nudel zu einem „Zopf". Und zieht diesen wieder durch
Schleudern auseinander. Dann wird wieder verdrillt
und wieder gezogen.

Aufgabe 1: Der Koch beginnt mit einer einzigen dicken
„Nudel". Nach der ersten Faltung des Strangs hat
er zwei Nudeln.

  a) Wie viele Nudeln hat er nach 5 Faltungen?

  b) Wie häufig muss er den Strang falten, damit er
  mehr als 1000 Nudeln hat?

  c) Nach wie vielen Faltungen hat er mehr als eine
  Million Nudeln?

★ *Aufgabe 2:* Der Koch beginnt mit einem Teig von 50 cm Länge und 6 cm Durchmesser und stellt
2048 Nudeln von 1 m Länge her. Welchen Durchmesser hat eine Nudel?

Definition: Eine **Zahlenfolge** ist eine Aneinanderreihung von Zahlen, bei der die Reihenfolge eine Rolle spielt.

Die einzelnen Zahlen einer Folge nennt man *Folgeglieder* und bezeichnet sie wie folgt:

a_1 = 1. Folgeglied = 1. Zahl der Folge

a_2 = 2. Folgeglied = 2. Zahl der Folge

a_3 = 3. Folgeglied = 3. Zahl der Folge

…

a_n = n-te Folgeglied = n-te Zahl der Folge

Die natürliche Zahl n wird als *Index oder Nummer* des Folgeglieds a_n bezeichnet.

Die Zahlenfolge als Ganzes bezeichnet man mit (a_n).

Beispiel: Betrachten wir nochmals die Anzahl Nudeln nach jeder Faltung. Wir notieren die dazugehörige Folge:

(a_n) = (2, 4, 8, 16, 32, 64, …)

Die einzelnen Glieder sind:

$a_1 = 2 \qquad a_2 = 4 \qquad a_3 = 8 \qquad a_4 = 16 \qquad …$

Hier ist a_n die Anzahl Nudeln und n die Anzahl Faltungen.

Aufgabe 3: Setze die folgenden Zahlenfolgen fort, d. h. bestimme die nächsten drei Glieder:

$(a_n) = (5,\ 8,\ 11,\ 14,\ …)$ $\qquad\qquad$ $(g_n) = (32,\ 16,\ 8,\ 4,\ …)$

$(b_n) = (1,\ 4,\ 9,\ 16,\ …)$ $\qquad\qquad$ $(h_n) = (7,\ -7,\ 7,\ -7,\ …)$

$(c_n) = (3,\ 6,\ 12,\ 24,\ …)$ $\qquad\qquad$ $(i_n) = \left(\frac{1}{2},\ \frac{2}{3},\ \frac{3}{4},\ \frac{4}{5},\ …\right)$

$(d_n) = (3,\ 6,\ 9,\ 12,\ …)$ $\qquad\qquad$ $(j_n) = (29,\ 24,\ 19,\ 14,\ …)$

$(e_n) = \left(1,\ \frac{1}{2},\ \frac{1}{3},\ \frac{1}{4},\ …\right)$ $\qquad\qquad$ $(k_n) = (64,\ 16,\ 4,\ 1,\ …)$

$(f_n) = (9,\ 5,\ 1,\ -3,\ …)$ $\qquad\qquad$ $(l_n) = \left(\frac{1}{2},\ \frac{2}{4},\ \frac{3}{8},\ \frac{4}{16},\ …\right)$

Aufgabe 4: Bestimme bei den obigen Zahlenfolgen jeweils das 10. und das 100. Zahlenglied.

Aufgabe 5: Vergleiche die Zahlenfolgen: Welche sind vom Aufbau her ähnlich?

Aufgabe 6: Erfinde neue Zahlenfolgen: solche, die den gegebenen Folgen ähnlich sind und solche, die Du als neuen Typ definieren würdest.

Aufgabe 7: Die On-Line Encyclopedia of Integer Sequences OEIS (Online-Enzyklopädie der Zahlenfolgen) ist eine englischsprachige Datenbank von Folgen ganzer Zahlen (integer sequences), die über das Internet durchsucht werden kann. Die Datenbank enthielt Mitte Februar 2022 über 351.000 Zahlenfolgen. Suche interessante Zahlenfolgen in der Datenbank.

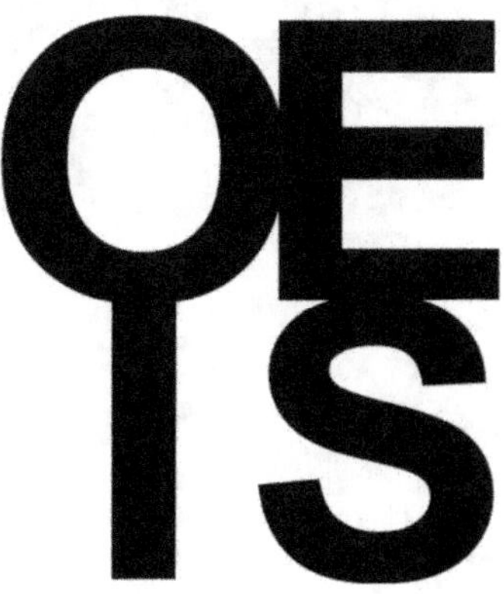

★ *Aufgabe 8:* Diese Aufgaben sind schwieriger als die vorangegangenen Aufgaben. Bestimme die nächsten drei Glieder dieser Folgen.

$$(a_n) = (-1,\ 4,\ -9,\ 16,\ -25,\ ...)$$

$$(b_n) = (1,\ 3,\ 7,\ 15,\ 31,\ ...)$$

$$(c_n) = (2,\ 6,\ 12,\ 20,\ 30,\ ...)$$

★ *Aufgabe 9:* Bestimme die nächsten drei Glieder dieser Folgen.

$$(a_n) = (1,\ 2,\ 3,\ 4,\ 5,\ 6,\ 7,\ 8,\ 9...)$$

$$(b_n) = (1,\ 8,\ 27,\ 64,\ 125,\ 216...)$$

$$(c_n) = (1,\ 1,\ 2,\ 3,\ 5,\ 8,\ 13,\ 21,\ 34,\ 55,...)$$

$$(d_n) = (1,\ 3,\ 6,\ 10,\ 15,\ 21,\ 28,\ 36,\ 45, 55, 66...)$$

$$(e_n) = (1,\ 11,\ 21,\ 1211,\ 111221,\ 312211,\ 13112221,...)$$

$$(f_n) = (6,\ 28,\ 496,\ 8128,...)$$

$$(g_n) = (9,\ 7,\ 8,\ 3,\ 3,\ 8,\ 4,\ 1,\ 3,\ 9,...)$$

$$(h_n) = (4,\ 6,\ 8,\ 10,\ 12,\ 14,...)$$

Das philosophische Ei von Mario Merz erstreckt sich seit 1991 an der Glaswand des westlichen Hallenabschlusses des Hauptbahnhofs Zürich über eine Fläche von 330 m². Die Skulptur besteht aus spiralförmigen roten Neonröhren, frei hängenden Tierfiguren und blau leuchtenden Ziffern. Letztere stellen die ersten Zahlen der Fibonacci-Folge dar.

2. Darstellung von Folgen (Bildungsgesetze)

Bis jetzt waren alle Folgen *aufzählend* dargestellt. Dabei handelt es sich jeweils nur um einige Beispiele. Um eine Folge vollständig zu beschreiben, muss ein Bildungsgesetz angegeben werden. Eine Zahlenfolge kann *explizit* oder *rekursiv* dargestellt werden:

a) *Die explizite Darstellung*

Definition: Bei der expliziten Darstellung gibt man eine Vorschrift an, mit der man direkt das n-te Glied der Folge berechnen kann.

Beispiel: Die Folge $(a_n) = (2, 4, 8, 16, 32, \ldots)$ wird durch die Vorschrift $a_n = 2^n$ explizit dargestellt.

Bei vielen Folgen ist es schwierig, die Vorschrift zu finden, mit der man das n–te Glied a_n direkt aus n berechnen kann. Man kann jedoch häufig ein Gesetz erkennen, wie man zu einem Folgeglied den Nachfolger berechnen kann.

b) *Die rekursive Darstellung*

Definition: Bei der rekursiven Darstellung gibt man das erste Glied der Folge a_1 (Verankerung) und eine Vorschrift, wie man zu einem Folgeglied a_n dessen Nachfolger a_{n+1} berechnet (Rekursionsformel) an.

Beispiel: Die Zahlenfolge $(a_n) = (7, 14, 28, 56, 112, 224, \ldots)$ wird durch die Rekursionsformel $a_{n+1} = 2 \cdot a_n$ und die Verankerung $a_1 = 7$ dargestellt.

Aufgabe 10: Stelle die Folgen in Aufgabe 3 sowohl rekursiv wie auch explizit dar. Es ist nicht bei allen Folgen möglich, beide Bildungsgesetze (Darstellungen) anzugeben.

★ *Aufgabe 11:* Stelle die Folgen in Aufgabe 8 explizit dar.

Aufgabe 12: Gib zu den beiden Darstellungen von Folgen je einen Vorteil und einen Nachteil an:

....

....

....

....

Aufgabe 13: Berechne die ersten fünf Glieder, das 100. und das 101. Glied dieser Folgen:

$$a_n = 3n - 5 \qquad b_n = \frac{n}{n+1} \qquad c_n = \frac{1 + (-1)^n}{n}$$

$$d_n = 5 \qquad e_n = \left(1 + \tfrac{1}{n}\right)^n$$

★ *Aufgabe 14:* Was passiert bei Teilaufgabe e der vorangehenden Aufgabe, wenn n noch viel grösser als 100 wird? Kommt Dir diese Zahl bekannt vor?

Aufgabe 15: Berechne die ersten 6 Glieder dieser Folgen:

a) $a_1 = 2$
$a_{n+1} = 3a_n - 1$ für $n \geq 1$

b) $b_1 = 1$
$b_{n+1} = b_n + 2n + 1$ für $n \geq 1$

c) $x_1 = 1$
$x_{n+1} = \frac{1}{1+x_n}$ für $n \geq 1$

d) $f_1 = 1, f_2 = 1$ (Fibonacci-Folge[1])
$f_{n+2} = f_{n+1} + f_n$ für $n \geq 1$

e) $u_1 = 16, u_2 = 2$
$u_{n+1} = u_n + u_{n-1}$ für $n \geq 2$

Aufgabe 16: Gib eine rekursive Definition für diese Folgen an:

a) $-7, -3, 1, 5, 9, \ldots$

b) $\frac{1}{2}, -\frac{1}{4}, \frac{1}{8}, -\frac{1}{16}, \frac{1}{32}, \ldots$

c) $10, 12, 15, 19, 24, \ldots$

d) Eine Anzahl von n Geraden hat eine maximale Anzahl Schnittpunkte s_n. Diese maximale Anzahl Schnittpunkte s_n ist eine Zahlenfolge.

★ e) $a_n = n \cdot 2^n$

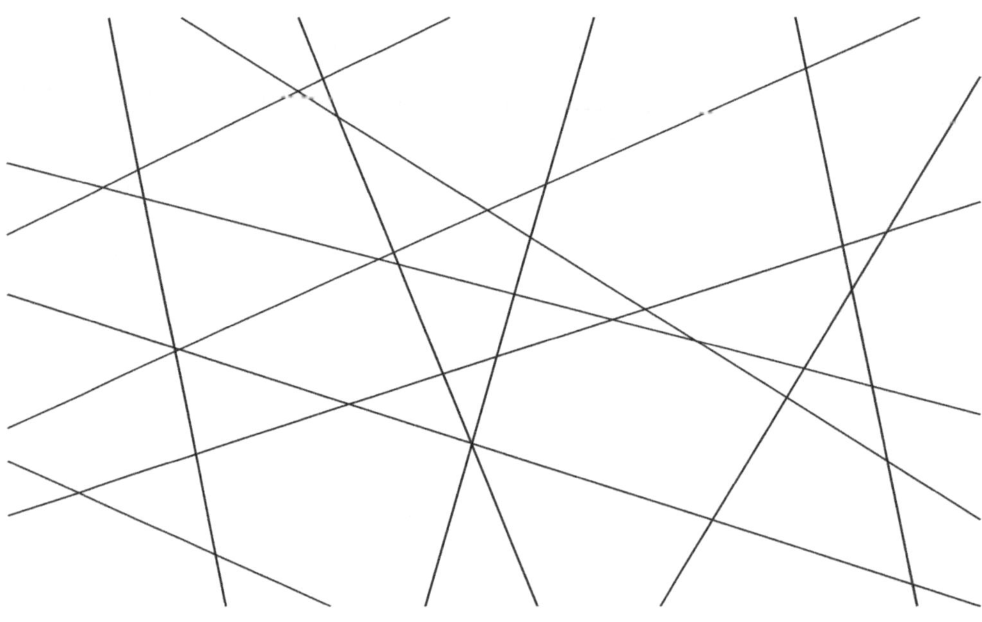

---

[1] In der westlichen Welt war es der italienische Mathematiker Leonardo da Pisa, genannt Fibonacci, der in seinem Buch „Liber abbaci" im Jahre 1227 diese Zahlenfolge mit dem Beispiel eines Kaninchenzüchters beschrieb, der herausfinden will, wie viele Kaninchenpaare aus einem einzigen Paar entstehen, wenn jedes Paar ab dem zweiten Lebensmonat ein weiteres Paar pro Monat zur Welt bringt.

3. Zwei spezielle Typen von Folgen

Es existiert eine Vielzahl von Typen von Folgen. Es gibt jedoch zwei sehr wichtige Folgen: die arithmetische und die geometrische Folge. Steht man einer an sich „unbekannten" Folge gegenüber, so lohnt sich die Überlegung, ob es sich um einen Typus dieser beiden handelt.

a) *Die arithmetische Folge*

Muss man bei einer Zahlenfolge immer dieselbe Zahl hinzuzählen oder abzählen, um das nächste Folgeglied zu erhalten, so nennt man diese Folge arithmetische Folge.

Definition: Eine Zahlenfolge (a_n) heisst arithmetisch, wenn die Differenz zweier aufeinander folgender Glieder immer dieselbe Zahl d ergibt:

$$a_{n+1} - a_n = d \qquad \text{für alle } n \in \mathbb{N}$$

Beispiel: $(a_n) = (5, 11, 17, 23, 29, \ldots)$ ist eine arithmetische Folge mit $d = 6$.

$(b_n) = (135, 128, 121, 114, 107, \ldots)$ ist eine arithmetische Folge mit $d = -7$.

$(c_n) = (5, 9, 5, 9, 5, \ldots)$ ist *keine* arithmetische Folge, da kein d existiert!

b) *Die geometrische Folge*

Muss man bei einer Zahlenfolge immer mit derselben Zahl multiplizieren oder durch dieselbe dividieren, um das nächste Folgeglied zu erhalten, so nennt man diese Folge geometrische Folge.

Definition: Eine Zahlenfolge (a_n) heisst geometrisch, wenn der Quotient zweier aufeinander folgender Glieder immer dieselbe Zahl q ergibt:

$$\frac{a_{n+1}}{a_n} = q \qquad \text{für alle } n \in \mathbb{N}$$

Beispiel: $(a_n) = (3, -6, 12, -24, 48, \ldots)$ ist eine geometrische Folge mit $q = -2$.

$(b_n) = (3072, 768, 192, 48, 12, \ldots)$ ist eine geometrische Folge mit $q = \frac{1}{4}$.

Aufgabe 17: Schaue noch einmal die Folgen in Aufgabe 3 an. Welche davon sind arithmetisch, welche geometrisch?

Aufgabe 18: Stelle diese arithmetischen Folgen rekursiv und explizit dar:

a) $(a_n) = (9, 16, 23, 30, \ldots)$

b) Finde eine rekursive und eine explizite Darstellung der arithmetischen Folge (a_n), die mit a_1 beginnt und die Differenz d zwischen zwei aufeinanderfolgenden Folgegliedern hat. Hier ist eine Formel gesucht!

Aufgabe 19: Stelle diese geometrischen Folgen rekursiv und explizit dar:

a) $(a_n) = (2, 6, 18, 54, \ldots)$

b) Finde eine rekursive und eine explizite Darstellung der geometrischen Folge (a_n), die mit a_1 beginnt und die den Quotienten q von zwei aufeinanderfolgenden Folgegliedern hat. Hier ist eine Formel gesucht.

Darstellung der arithmetischen Folge

rekursiv: $a_{n+1} = a_n + d \qquad a_1 = \dots$

explizit: $a_n = a_1 + (n-1)d$

Darstellung der geometrischen Folge

rekursiv: $a_{n+1} = a_n \cdot q \qquad a_1 = \dots$

explizit: $a_n = a_1 \cdot q^{n-1}$

Aufgabe 20: Bestimme bei diesen arithmetischen Folgen die Differenz und das 15. Folgeglied. Berechne das 15. Glied mit der expliziten Formel für die arithmetische Folge:

    a) $-7, -2, \dots$ b) $\frac{1}{3}, 1, \dots$

Aufgabe 21: Bestimme bei diesen geometrischen Folgen den Quotienten und das 7. Folgeglied. Berechne das 7. Glied mit der expliziten Formel für die geometrische Folge:

    a) $\frac{1}{27}, \frac{1}{9}, \dots$ b) $5, \sqrt{50}, \dots$

Aufgabe 22: Bei der heute gebräuchlichen gleichschwebenden Stimmung hat jeder Halbton dasselbe Frequenzintervall (= Frequenzverhältnis). Es wird also jede Oktav in zwölf gleiche Halbtöne aufgeteilt. Die Frequenzen dieser Halbtöne bilden eine geometrische Folge. Welche Frequenzen haben die Töne a′, ais′, h′, c″, cis″, d″, dis″, e″, f″, fis″, g″, gis″, a″, wenn der Kammerton a′ die Frequenz 440 Hz und der eine Oktave höherliegende Ton a″ also die Frequenz 880 Hz hat?

Aufgabe 23: a, b, c bilden in dieser Reihenfolge eine arithmetische Folge mit der Summe 3; in der Reihenfolge b, c, a bilden sie eine geometrische Folge. Berechne die drei Zahlen.

Aufgabe 24: Eine Folge kann in einem **Koordinatensystem dargestellt** werden. Dabei werden die natürlichen Zahlen n auf der horizontalen Achse (Abszisse) und die dazugehörigen Folgeglieder a_n auf der vertikalen Achse (Ordinate) eingetragen. Skizziere die arithmetische Folge $a_n = 2 + 0.75(n-1)$ und die geometrische Folge $b_n = 2 \cdot 1.2^{n-1}$. Beschrifte die Achsen.

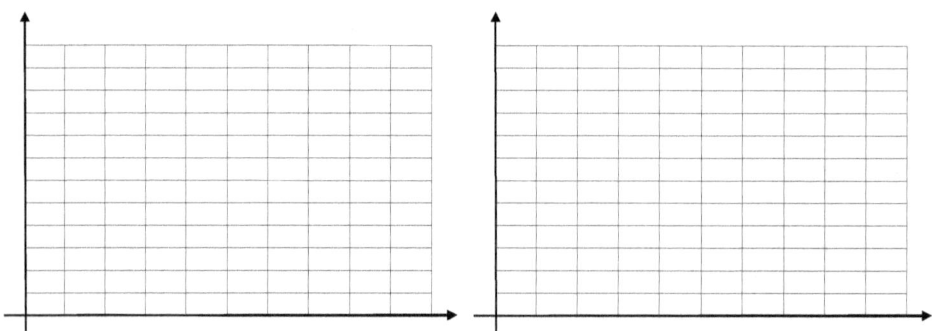

4. Konvergenz und Divergenz

Bis jetzt haben wir vorwiegend die Glieder am Anfang einer Folge – d.h. die Folgeglieder für kleine n – betrachtet. Wir wollen nun untersuchen, wie sich Folgen verhalten, wenn der Index n gegen sehr grosse Zahlen – ja sogar gegen unendlich ∞ – strebt.

Aufgabe 25: Berechne die Glieder dieser Folgen für n = 10, 11, 10^3, 10^3+1, 10^6, 10^6+1

$$a_n = 5 + \frac{1}{n} \qquad\qquad b_n = (-1)^n \cdot \frac{n}{n+1} \qquad\qquad c_n = \frac{7}{8}$$

$$d_n = n^3 \qquad\qquad e_n = 1 + (-1)^n \qquad\qquad f_n = \frac{2n}{n+4}$$

Bei diesen Beispielen können wir ..*drei*.. verschiedene Fälle unterscheiden:

A Die Glieder der Zahlenfolge nähern sich für sehr grosse n genau einer Zahl, einem Grenzwert g.

Diese Folge ist ..*konvergent*..

Wir schreiben $\lim\limits_{n\to\infty}(a_n) = $ *g $\in \mathbb{R}$*

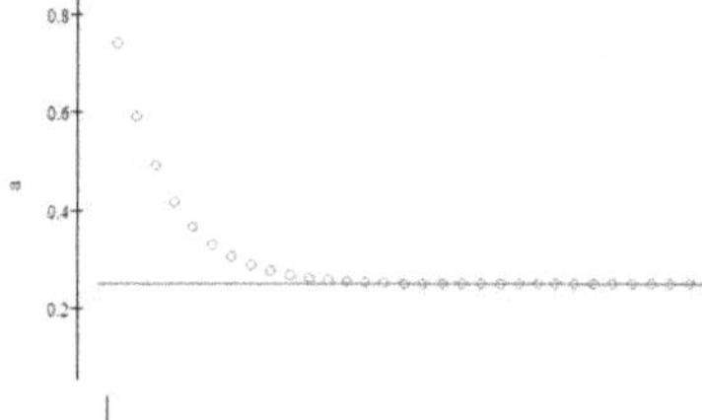

B_1 Die Glieder der Zahlenfolge werden für sehr grosse n grösser als jede noch so grosse Zahl resp. kleiner als jede noch so kleine Zahl.

Diese Folge ist ..*divergent*..

Wir schreiben $\lim\limits_{n\to\infty}(a_n) = $ *$\pm\infty$*

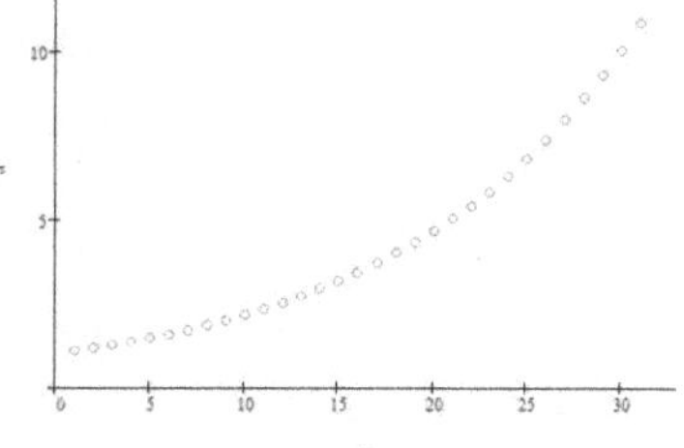

B_2 Die Glieder der Zahlenfolge verhalten sich nicht so wie in A oder B1.

Diese Folge ist ..*divergent (alternierend)*..

Wir schreiben $\lim\limits_{n\to\infty}(a_n) = $ *nicht def.*

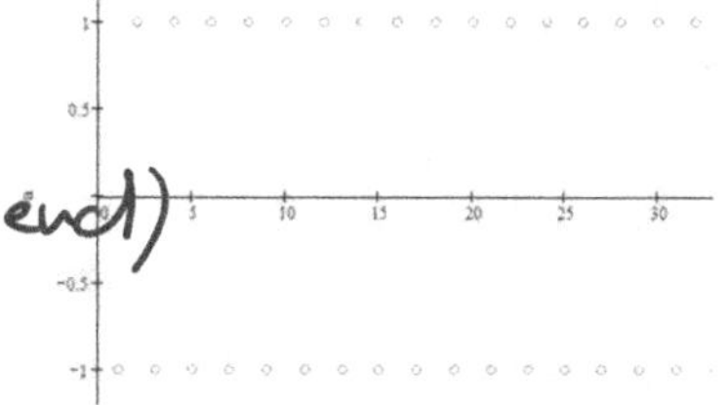

Definition: Nähern sich die Glieder einer Zahlenfolge für sehr grosse n genau einer Zahl, einem Grenzwert, so nennt man die Folge **konvergent** (lat. convergere, sich hinneigen) [Fall A]. In allen anderen Fällen nennen wir die Folge **divergent** [Fall B_1 und B_2].

Notation: Wir verwenden den **Limes** (lat. Grenze), um den Grenzübergang der Folge, wenn n gegen unendlich strebt, zu notieren: $\lim\limits_{n\to\infty}(a_n)$

Aufgabe 26: Gib zu jedem dieser drei Fälle noch ein weiteres Beispiel an.

Aufgabe 27: Mache je ein Beispiel einer geometrischen Folge für jeden dieser Fälle. Welche Werte hat der Quotient q für jeden der drei Fälle?

Aufgabe 28: Untersuche diese Folgen auf Konvergenz. Du kannst dazu Werte für n einsetzen, die Folge zeichnen und/oder gut überlegen, was wohl für grosse n geschieht:

$$a_n = \frac{5}{n+1} \qquad b_n = \frac{7n+8}{2n-3} \qquad c_n = n^2 - 3$$

Satz: Für das Rechnen mit Grenzwerten gelten die folgenden Sätze (**Grenzwertsätze**):

$$\lim_{n\to\infty}\left(a_n + b_n\right) = \lim_{n\to\infty}\left(a_n\right) + \lim_{n\to\infty}\left(b_n\right) \qquad \lim_{n\to\infty}\left(a_n - b_n\right) = \lim_{n\to\infty}\left(a_n\right) - \lim_{n\to\infty}\left(b_n\right)$$

$$\lim_{n\to\infty}\left(a_n \cdot b_n\right) = \lim_{n\to\infty}\left(a_n\right) \cdot \lim_{n\to\infty}\left(b_n\right) \qquad \lim_{n\to\infty}\left(\frac{a_n}{b_n}\right) = \frac{\lim_{n\to\infty}\left(a_n\right)}{\lim_{n\to\infty}\left(b_n\right)} \qquad \text{falls } \lim_{n\to\infty}\left(b_n\right) \neq 0$$

$$\lim_{n\to\infty}\left(c \cdot a_n\right) = c \cdot \lim_{n\to\infty}\left(a_n\right) \qquad c \in \mathbb{R}$$

Aufgabe 29: Teste mindestens zwei dieser Grenzwertsätze an einem Beispiel. Als Beispiele sind die zwei Folgen $a_n = 1 - \frac{1}{n^2}$ und $b_n = 2 + \frac{1}{n}$ gegeben. Gehe wie folgt vor:

a) Überlege Dir die Grenzwerte $\lim_{n\to\infty}\left(a_n\right)$ und $\lim_{n\to\infty}\left(b_n\right)$.

b) Überlege Dir nun den Grenzwert der Summe, der Differenz, des Produkts oder des Quotienten (je nach gewähltem Grenzwertsatz).

c) Berechne nun den Grenzwert mit dem Grenzwertsatz und vergleich die Ergebnisse.

Die Grenzen des römischen Reichs waren an vielen Stellen durch einen Grenzwall gesichert, den Limes. Er diente weniger militärischen als wirtschaftlichen Zwecken. Er war Zoll- und Kontrollstation und auch Marktplatz für den „Aussenhandel".

Die Karte stellt das römische Reich zur Zeit seiner grössten Ausdehnung dar. Zusätzlich wurde Mesopotamien und Armenien mehrere Male besetzt.

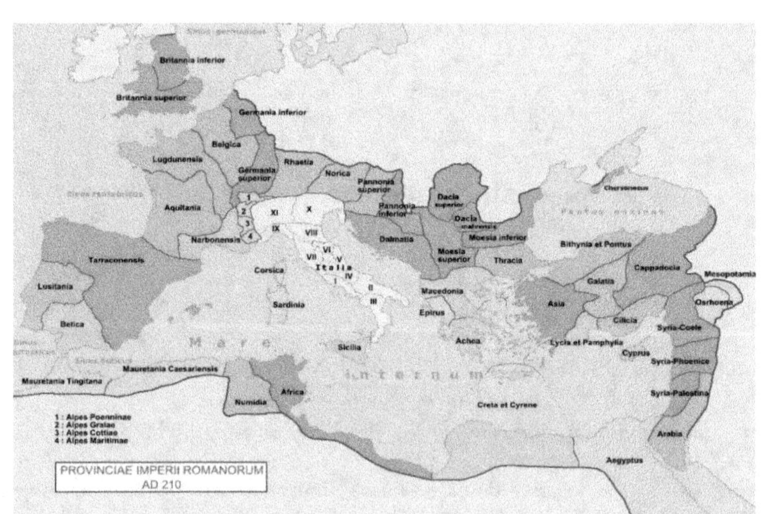

Aufgabe 30: Bestimme nun die Grenzwerte dieser Folgen, wenn n gegen unendlich strebt. Dabei helfen Dir die Grenzwertsätze. Es geht jedoch nicht um eine bis ins letzte Detail formal korrekte Berechnung der Grenzwerte, sondern darum, dass Du ein Gefühl für das Grenzverhalten von Folgen erhältst. Tipp: Manchmal hilft es, den Term zu vereinfachen.

$$a_n = 5 + \frac{2}{n-3} \qquad b_n = 0.2 \cdot \left(1 - \left(\frac{3}{4}\right)^n\right) \qquad c_n = \frac{1 - 1.2^n}{1000}$$

$$d_n = \frac{2n^2 - 5n + 3}{3n^2 - 1} \qquad e_n = \frac{n^3 - 3n^2 + n - 2}{n^4 - n^3 + n^2} \qquad f_n = \frac{n^7 - n - 5000}{n^6 + n^5 + n^4}$$

$$g_n = \frac{a \cdot n - 3\sqrt{n+2}}{b \cdot n + 5\sqrt{n}} \qquad h_n = \frac{3\sqrt{n} - n^5 + 10^6}{n^2 - 3 - 4n^5} \qquad i_n = \frac{(5+n)^2 (n-1)}{(25 - n^2)(n+3)}$$

$$k_n = \sqrt{5 + \sqrt{9 + \frac{7n}{n+1}}} \qquad l_n = \sqrt[3]{\frac{n-1}{8n+10}} \qquad m_n = \frac{n \cdot 0.999^n}{n+1}$$

$$n_n = \frac{4}{0.999^n} \qquad o_n = \frac{3^{2n+1} + 5}{9^n + 4} \qquad p_n = \left(3 + \frac{\cos\left(\frac{n}{4}\right)}{n^2}\right) \cdot \frac{2n}{n+1}$$

$$q_n = \frac{1}{n} : \frac{1}{n^2} \qquad r_n = \frac{n^2}{2^n} \qquad \bigstar \; s_n = \frac{1 + 2 + 3 + \ldots + n}{n^2}$$

$$t_n = 10^{\frac{1-n^2}{n+1}} \qquad u_n = \log_{10}\left(\frac{n^2 + 1}{n^2 + 6}\right) \qquad \bigstar \; v_n = \left(1 + \tfrac{1}{n}\right)^n$$

Aufgabe 31: Die Koch-Kurve wurde von dem schwedischen Mathematiker Helge von Koch 1904 vorgestellt. Es handelt sich um eines der ersten formal beschriebenen fraktalen Objekte. Die erste Kurve hat die Länge $^4/_3$. Wie lang die 10. Kurve?

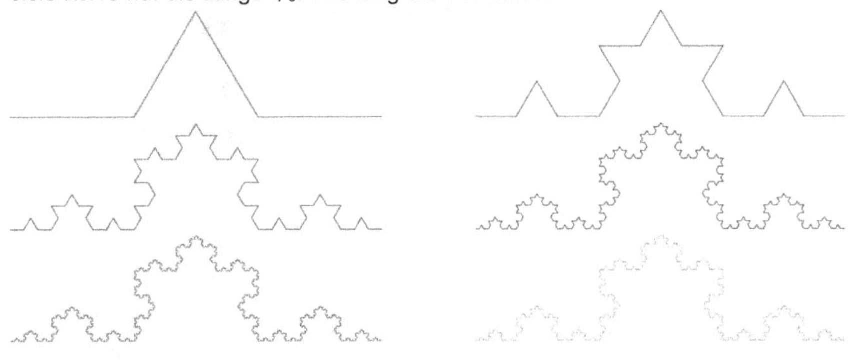

5. Reihen

Aufgabe 32: Ein Kleinkind baut einen Turm aus Bauklötzen. Die Würfel haben unterschiedliche Grössen. Der grösste Klotz hat ein Volumen von 120 cm^3. Das Volumen halbiert sich von Würfel zu Würfel.

   a) Berechne die Volumina der ersten zehn Würfel.

   b) Wie gross ist das Volumen eines Turms aus 1, 2, … 10 Würfeln?

   c) Wie gross denkst Du, ist das Volumen eines Turms, der aus unendlich vielen solcher Würfel besteht?

Definition: Bei einer Zahlenfolge können die ersten n Glieder zusammengezählt werden. Wir nennen dies die **n-te Teilsumme s_n** der Folge a_n:

$$s_1 = a_1 \qquad \text{1. Teilsumme}$$
$$s_2 = a_1 + a_2 \qquad \text{2. Teilsumme}$$
$$s_3 = a_1 + a_2 + a_3 \qquad \text{3. Teilsumme}$$
$$s_4 = a_1 + a_2 + a_3 + a_4 \qquad \text{4. Teilsumme}$$
$$\vdots$$
$$s_n = a_1 + a_2 + a_3 + \dots + a_n \qquad \text{n-te Teilsumme}$$

Die Teilsummen bilden selbst wieder eine Folge $(s_n) = (s_1, s_2, s_3, \dots)$. Diese Folge heisst **(Teil-)summenfolge** oder **Reihe**[2].

Beispiel: $(a_n) = (5, 8, 11, 14, \dots)$ $(s_n) = (5, 13, 24, 38, \dots)$
$(a_n) = (120, 60, 30, 15, \dots)$ $(s_n) = (120, 180, 210, 225, \dots)$

Aufgabe 33: Von Gauss (*1777, †1855), dem „Fürsten der Mathematiker", wird folgende Geschichte erzählt: Im Alter von neun Jahren kam Gauss in die Volksschule. Dort stellte sein Lehrer Büttner den Schülern als Beschäftigung die Aufgabe, die Zahlen von 1 bis 100 zu summieren. Dies war ohne Taschenrechner, nur mit der Schiefertafel, recht aufwändig. Gauss habe jedoch bereits nach sehr kurzer Zeit das richtige Ergebnis gefunden.

   a) Versuche auch, die Zahlen von 1 bis 100 auf schlaue Art zusammenzuzählen. Du musst die Zahlen dazu geschickt gruppieren.

★ b) Kannst Du auch alle geraden Zahlen von 2 bis 244 zusammenzählen?

★ c) Und die 7er-Reihe von 84 bis 385?

★ d) Findest Du eine Formel für die Summe der ersten n natürlichen Zahlen?

---

[2]   Hier bezeichnet der Begriff „Reihe" die (Teil-)summe einer Folge. Wenn alle Elemente einer Folge addiert werden, bezeichnen wir dies als unendliche Reihe. Der Begriff „Reihe" wird in der Literatur jedoch nicht konsequent verwendet. Einige Werke bezeichnen ausschliesslich die unendliche Reihe als „Reihe".

Satz: Für die **arithmetische Reihe** (= Teilsummenfolge der arithmetischen Folge) gilt:

$$s_n = n \cdot \frac{a_1 + a_n}{2} = \frac{n}{2} \cdot (a_1 + a_n)$$

Aufgabe 34: Berechne mit der Formel die Summen, die bei der vorangehenden Aufgabe gefragt wurden. Nun können alle nicht nur Teilaufgabe a), sondern auch b) und c) beantworten.

★ Findest Du nun eine Formel für die Summe der ersten n natürlichen Zahlen?

Aufgabe 35: Eine Folge ist gegeben durch

a) $a_n = 17 + 5(n - 1)$. Berechne die Summe der ersten 35 Glieder.

b) $b_1 = 55$, $b_{n+1} = b_n - 6$. Berechne die Summe der ersten 20 Glieder.

Aufgabe 36: Das berühmte Theater von Epidauros (Peloponnes, Griechenland) gilt als das am besten erhaltene Theater der Antike. Es hatte in seiner ursprünglichen Form 32 Sitzreihen. In der ersten Reihe waren 40 Plätze; in jeder folgenden Reihe waren jeweils 12 Plätze mehr als in der vorhergehenden Reihe.

a) Wie viele Zuschauer fanden in diesem Theater Platz?

b) Später wurde das Theater auf 14'260 Zuschauer erweitert. Wie viele Reihen hat das erweiterte Theater?

Beweis: Wir wollen nun zeigen, dass die obenstehende Formel für die Reihe der arithmetischen Folge $a_n = a_1 + (n - 1) \cdot d$ richtig ist:

$$S_n = a_1 + (a_1 + d) + (a_1 + 2d) + \ldots + (a_n - d) + a_n$$

$$+ \quad S_n = a_n + (a_n - d) + (a_n - 2d) + \ldots + (a_1 + d) + a_1$$

$$2 S_n = \underbrace{(a_1 + a_n) + (a_1 + a_n) + (a_1 + a_n) + \ldots + (a_1 + a_n)}_{n - \text{mal} \ (a_1 + a_n)}$$

$$2 S_n = n \cdot (a_1 + a_n)$$

$$S_n = \frac{n}{2} (a_1 + a_n) = n \cdot \frac{a_1 + a_n}{2}$$

Satz: Für die *geometrische Reihe* (= Teilsummenfolge der geometrischen Folge) gilt:

$$s_n = a_1 \frac{1-q^n}{1-q}$$

Aufgabe 37: Nun können wir Aufgabe 32 mit dieser Formel lösen. Berechne das Volumen von einem Turm aus 5 Würfeln mit dieser Formel.

Aufgabe 38: Hier sind verschiedene geometrische Folgen gegeben:

    a) 2.5, 3.0, 3.6, … Berechne die Summe der ersten 20 Glieder.

    b) $a_1 = 25$, $a_{n+1} = 1.05 \cdot a_n$. Berechne die Summe der ersten 100 Glieder.

    c) $a_n = 7 \cdot 0.95^{n-1}$. Berechne die Summe der ersten 55 Glieder.

Aufgabe 39: „Sissa ibn Dahir lebte im 3. Jahrhundert in Indien und gilt der Legenden zufolge als der Erfinder des Schachspiels. Als das Schachspiel dem indischen Herrscher Shihram vorgestellt wurde, war der so begeistert, dass er Sissa ibn Dahir zu sich kommen liess und ihm einen Wunsch frei stellte. Sissa wünschte nichts weiter als die 64 Felder des Schachbretts mit Weizenkörnern zu füllen, und zwar nach der folgenden Methode: auf das erste Feld des Schachbrettes ein Korn, auf das zweite Feld zwei Körner, auf das dritte Feld vier Körner, usw. bis zum 64. Feld immer die doppelte Anzahl des vorhergehenden Feldes." [Legende erzählt gemäss der Wikipedia]

    a) Wie viele Körner sind dies?

    b) Welche Masse hat der Weizen (1 Korn $\triangleq$ 0.05 g)?

Beweis: Wir wollen nun zeigen, dass die obenstehende Formel für die Reihe der geometrischen Folge $a_n = a_1\, q^{n-1}$ richtig ist:

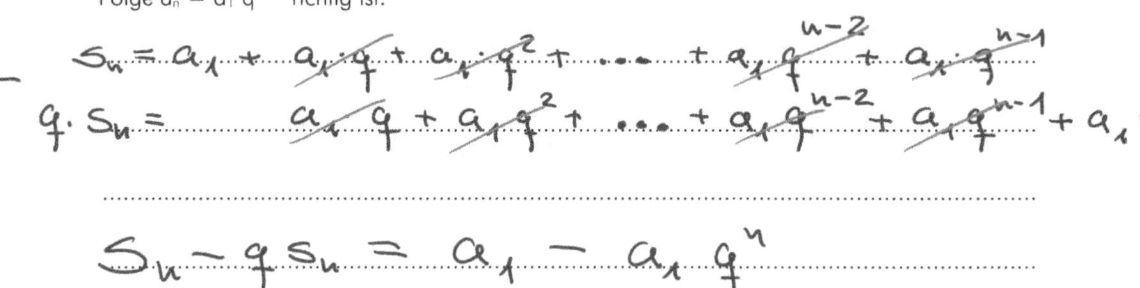

$$S_n = a_1 + a_1 q + a_1 q^2 + \ldots + a_1 q^{n-2} + a_1 q^{n-1}$$

$$q \cdot S_n = \quad\quad a_1 q + a_1 q^2 + \ldots + a_1 q^{n-2} + a_1 q^{n-1} + a_1 q^n$$

$$S_n - q S_n = a_1 - a_1 q^n$$

$$S_n (1-q) = a_1 (1-q^n) \qquad | : (1-q)$$

$$S_n = a_1 \frac{1-q^n}{1-q}$$

Aufgabe 40: Konvergenz von geometrischen Reihen:

a) Betrachten wir noch einmal den Turm aus Aufgabe 32. Kannst Du nun mit der Formel das Volumen des Turmes aus unendlich vielen Klötzen berechnen?

b) Wie viele Weizenkörner hätte Sissa ibn Dahir erhalten, wenn ein Schachbrett unendlich viele Felder hätte (vgl. obenstehende Aufgabe)?

c) Die Resultate von a) und b) sind sehr unterschiedlich. Was ist der wesentliche Unterschied zwischen den beiden Folgen?

d) Kannst Du ganz allgemein sagen, welche Bedingung die geometrische Folge erfüllen muss, damit die Reihe konvergiert?

e) Kannst Du aus der Formel für die geometrische Reihe eine Formel für die unendliche geometrische Reihe (Summe aller Glieder einer geometrischen Folge) herleiten?

Satz: Die **unendliche geometrische Reihe s** (= Summe aller Glieder der geometrischen Folge) konvergiert, falls $|q| < 1$ ist. Es gilt dann $s = \dfrac{a_1}{1 - q}$

Aufgabe 41: Berechne die Summe der unendlichen geometrischen Reihen:

a) $2 - {}^3/_2 + \dots$ b) $1 - {}^{99}/_{100} + \dots$

c) ${}^3/_2 + {}^4/_3 + \dots$ d) ${}^1/_6 + {}^1/_5 + \dots$

Aufgabe 42: Findest Du einen vergleichbaren Satz – also ein Konvergenzkriterium – für die unendliche arithmetische Reihe?

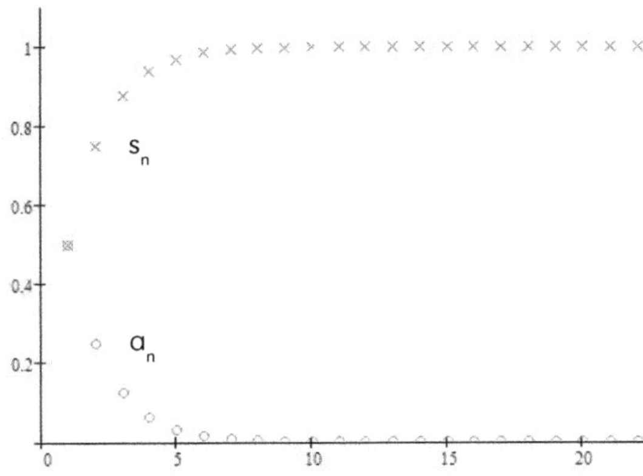

Die kleinen Kreise zeigen die Glieder einer geometrischen Folge a_n ($a_1 = 0.5$, $q = 0.5$). Diese Folge ist fallend und konvergiert gegen Null. Die Summe der Folgeglieder, die dazugehörige geometrische Reihe, ist wachsend und konvergiert gegen 1.

Diese Figur soll die geometrische Reihe mit $a_1 = 1$ und $q = 0.5$ veranschaulichen. Wir beginnen mit einer Fläche 1 und halbieren diese jeweils. Das halbierte Stück füllt immer nur die Hälfte des vorangehenden Flächenstückes aus. Wiederholen wir diesen Prozess unendlich mal, so füllen wir nur ein endliches Flächenstück.

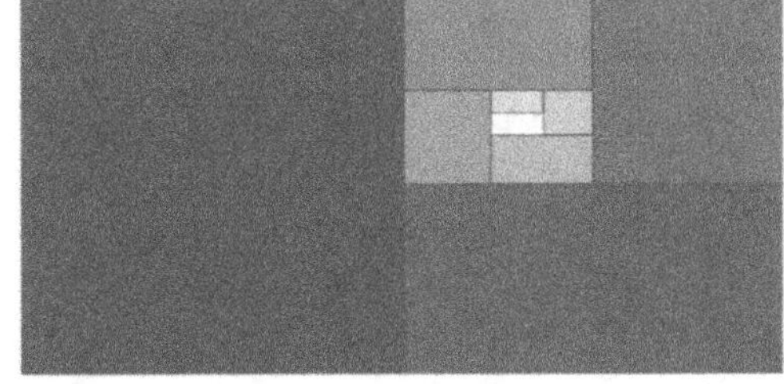

Bemerkung zur Notation

Häufig werden endliche oder unendliche Summen, d.h. endliche oder unendliche Reihen,
mit Hilfe des *Summenzeichens* $\sum$ (Sigma) dargestellt.

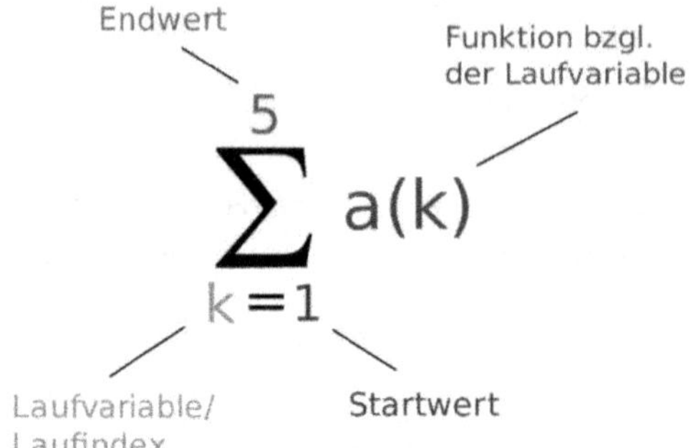

Zum Beispiel:

$$\sum_{k=1}^{10} 2 \cdot k = 2 + 4 + 6 + \dots + 18 + 20 = 110$$

$$\sum_{n=0}^{\infty} \frac{1}{2^n} = 1 + \frac{1}{2} + \frac{1}{4} + \frac{1}{8} + \dots = 2$$

Aufgabe 43: Schreibe die folgenden Summen ausführlich hin und berechne sie:

a) $\displaystyle\sum_{k=1}^{6} k^2$
b) $\displaystyle\sum_{n=1}^{7} n \cdot 2^n$

Aufgabe 44: Schreibe die folgenden Summen mit Hilfe des Summenzeichens:

a) $1 + 3 + 5 + 7 + \dots + 121 + 123 + 125$

b) $\frac{1}{3} + \frac{1}{7} + \frac{1}{11} + \frac{1}{15} + \dots + \frac{1}{95} + \frac{1}{99}$

c) $1 - \frac{1}{3} + \frac{1}{9} - \frac{1}{27} + \frac{1}{81} - \dots$

★ *Aufgabe 45:* Berechne:

a) $\displaystyle\sum_{k=0}^{20} \frac{1}{2^k}$
b) $\displaystyle\sum_{n=0}^{80} \sum_{k=1}^{100} n \cdot k$

6. Anwendungsaufgaben

Aufgabe 46: Das Werfen von Tennisbällen ist anstrengend. Carlo wirft wiederholt Tennisbälle,
jeden Wurf allerdings 3 % weniger weit als den vorherigen. Beim ersten Wurf schafft er 24 m.

   a) Stelle die Folge auf, die die Wurfweite beschreibt. Gib sowohl das explizite als auch das
      rekursive Bildungsgesetz an.

   b) Beim wievielten Wurf wirft er erstmals weniger als 0.5 m weit?

   c) Nun wirft Carlo den nächsten Wurf jeweils vom Ankunftsort des vorherigen Wurfs aus. Wie
      weit kommt er dann insgesamt nach 120 Würfen vorwärts? Um wie viele Meter käme er
      weiter, wenn er unendlich oft werfen könnte?

   d) Auch Roberta wirft jeden Wurf um den gleichen Prozentsatz weniger weit als den
      vorherigen. Dieser Prozentsatz ist allerdings nicht bekannt. Wir wissen aber das Folgende:
      Beim 17. Wurf erreicht sie 25 m und beim 22. Wurf immerhin noch 20 m. Wie weit wirft
      sie beim 80. Wurf?

   e) Manuel wirft nach jedem Wurf um x m weniger weit. Wie weit hat er den 1. Wurf geworfen,
      wenn er im 20. Wurf 35 m und im 35. Wurf 30 m weit geworfen hat?

Mathematische Anwendungen

Aufgabe 47: Berechne das 11. Glied und die Summe der ersten 11 Folgenglieder der
geometrischen Folge 3, 6, ...

Aufgabe 48: Eine arithmetische Folge mit n Gliedern beginnt mit 3 und endet mit 37. Die Summe
aller n Glieder beträgt 400. Wie viele Glieder hat die Folge? Wie lautet das zweite Glied?

Aufgabe 49: Zwischen 6 und –9 sollen 4 Glieder geschoben werden, sodass eine arithmetische
Folge entsteht. Gib die Glieder an.

Aufgabe 50: Zwischen 8'748 und 4 sollen 6 Glieder geschoben werden, sodass eine geometrische
Folge entsteht. Gib die Glieder an.

Aufgabe 51: Berechne: –2 + 4 – 8 + ... + 4096

Aufgabe 52: Bestimme die Summe aller 2-er Potenzen (2 + 4 ...), die kleiner als eine Million sind.

Aufgabe 53: Wie lautet das erste Glied einer unendlichen geometrischen Folge, deren Quotient
0.6 ist und deren Reihe die Summe 15 hat?

Aufgabe 54: Berechne: $\dfrac{1}{1+x} + \dfrac{1}{(1+x)^2} + \dfrac{1}{(1+x)^3} + ...$

★ *Aufgabe 55*: Die Summe des ersten, dritten und fünften Gliedes einer arithmetischen Folge ist 33.
Das Produkt der ersten drei Folgenglieder ist 231. Berechne a_1 und d der arithmetischen
Folge. Die Gleichungen, die Du findest, sind schwierig zu lösen.

★ *Aufgabe 56*: Die Summe der ersten 3 Glieder einer geometrischen Folge beträgt 63, das Anfangs-
glied ist 3. Wie lautet a_n? Die Gleichungen, die Du findest, sind schwierig zu lösen.

Aussermathematische Anwendungen

Aufgabe 57: Beim Durchdringen einer Glasplatte verliert Licht 5% seiner Intensität.

    a) Wie viele % verliert es, wenn es durch zehn solche Glasplatten geht?

    b) Wie viele Glasplatten braucht es, bis die Intensität nur 1% beträgt?

Aufgabe 58: Ferranien deckt seinen Eisenverbrauch selber und exportiert auch kein Eisen. 1960 betrug der Verbrauch 10 Millionen Tonnen, 1975 bereits 13 Millionen Tonnen und die jährliche prozentuale Verbrauchszunahme blieb mehr oder weniger unverändert. Anfangs 1995 schätzte man den Eisenvorrat auf noch 500 Millionen Tonnen. Alarmiert durch die schwindenden Vorräte, setzte die Regierung 1995 eine Kommission ein, die folgende Fragen beantworten sollte: Wann werden die Eisenvorräte Ferraniens aufgebraucht sein, falls die jährliche Verbrauchszunahme gleich bleibt?

Aufgabe 59: Aus einem Mathematikbuch[3]: Ein im luftleeren Raum frei fallender Körper legt in der ersten Sekunde 5 m und in jeder folgenden Sekunde 10 m mehr als in der vorhergehenden Sekunde zurück.

    a) Welche Strecke legt er in der 13. Sekunde zurück?

    b) Welche Strecke fällt er in 13 Sekunden?

    c) Wie viele Sekunden braucht er für 1805 m?

Aufgabe 60: Im Jahre 2003 breitete die Krankheit SARS (Severe Acute Respiratory Syndrome) von China über Hong Kong aus und nahm das Ausmass einer Epidemie an. Glücklicherweise konnte die Krankheit recht schnell gestoppt werden. Dennoch starben 1000 Leute daran. Eine an SARS erkrankte Person von Hongkong reist in Singapur ein. Eine erkrankte Person steckt Innerhalb von 5 Tagen weitere 2 Personen an.

    a) Wie viele Personen sind ohne Gegenmassnahmen nach 45 Tagen (ca. 1½ Monaten) an SARS erkrankt?

★ b) Nach der Inkubationszeit von 5 Tagen werden die Erkrankten isoliert. Wie viele Personen sind nach 45 Tagen krank?

★ *Aufgabe 61:* Ein Vampir beisst pro Jahr bestimmt mehr als zwei Menschen und verwandelt sie damit auch zu Untoten. (Im Bild: „Nosferatu – Eine Symphonie des Grauens" auf dem Marktplatz von Wismar, Mecklenburg-Vorpommern). Vlad III. Draculea lebte um 1450. Wie viele Vampire sollte es also auf der Erde bis heute mindestens geben? Wenn die Zahl gross ist, kannst du den Zehner-Logarithmus der Zahl berechnen, um ihre Anzahl von Stellen zu bestimmen.

---

[3] Das Beispiel ist wenig geeignet, da die Bewegung kontinuierlich und nicht in diskreten Schritten erfolgt.

Geometrische Figuren

Aufgabe 62: Wir bauen einen Turm aus Klötzen (vgl. Bild).

a) Wie viele Klötze braucht man für die unterste Reihe des ersten, des zweiten, des dritten und des n-ten Turms?

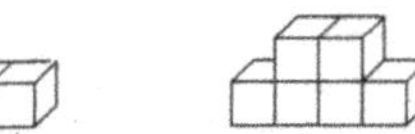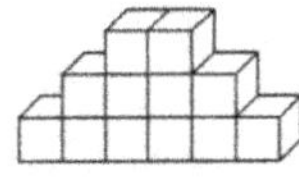

b) Wie viele Klötze braucht man für den ersten, den zweiten, den dritten und den n-ten Turm?

Aufgabe 63: Einem Würfel mit Kantenlänge 1 wird ein zweiter Würfel aufgesetzt, bei dem die Ecken der Grundfläche gleich den Seitenmitten der Deckfläche des ersten Würfels sind. Mit dem zweiten Würfel wird ebenso verfahren, usw. Insgesamt werden zehn Würfel aufeinandergesetzt. Berechne das Gesamtvolumen des entstehenden Turmes.

Aufgabe 64: Einem Quadrat mit der Seitenlänge 1 cm wird der Inkreis einbeschrieben, diesem wieder ein Quadrat, diesem wieder der Inkreis usw. Berechne die Summe der Flächen aller Kreise.

★ *Aufgabe 65:* Die erste Figur ist ein gleichseitiges Dreieck mit der Seitenlänge $s = 1$ cm. In der nächsten Figur sind kleinere gleichseitige Dreiecke auf allen Seiten aufgesetzt. Sie haben die Seitenlänge $\frac{1}{3}$ cm.

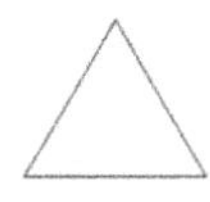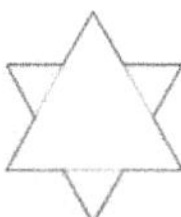

a) Bestimme den Umfang für die n-te Figur. Was geschieht mit dem Umfang, wenn n immer grösser wird?

b) Bestimme die Fläche A der n-ten Figur. Wie verhält sich A, wenn n immer grösser wird?

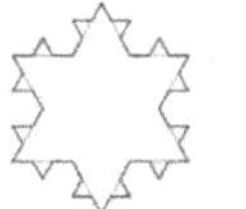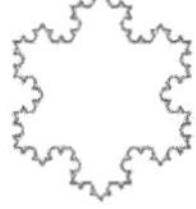

★ *Aufgabe 66:* In ein Quadrat mit der Seitenlänge s wird ein gleichseitiges Dreieck eingefügt, in dieses wiederum ein Quadrat usw. (vgl. nebenstehende Skizze).

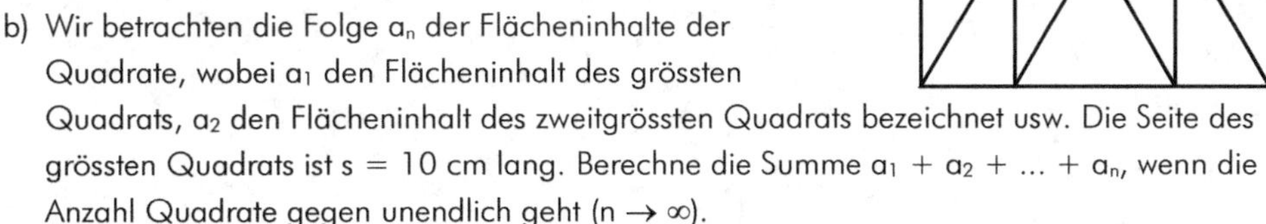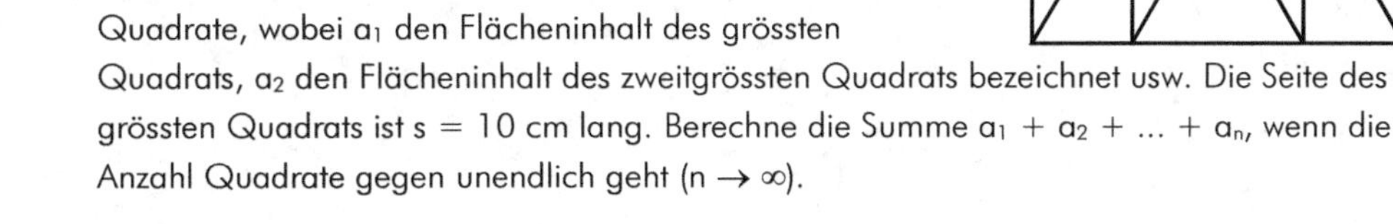

a) Berechne die Seitenlänge x des Quadrats in Abhängigkeit von der Seitenlänge a des umschliessenden gleichseitigen Dreiecks.

b) Wir betrachten die Folge a_n der Flächeninhalte der Quadrate, wobei a_1 den Flächeninhalt des grössten Quadrats, a_2 den Flächeninhalt des zweitgrössten Quadrats bezeichnet usw. Die Seite des grössten Quadrats ist $s = 10$ cm lang. Berechne die Summe $a_1 + a_2 + \ldots + a_n$, wenn die Anzahl Quadrate gegen unendlich geht ($n \to \infty$).

★ *Aufgabe 67:* Ein Kartenhaus wird nach nebenstehendem Schema gebaut. Diese Figur zeigt ein 4-stöckiges Haus. Beachte, dass an unterster Stelle keine Karten liegen.

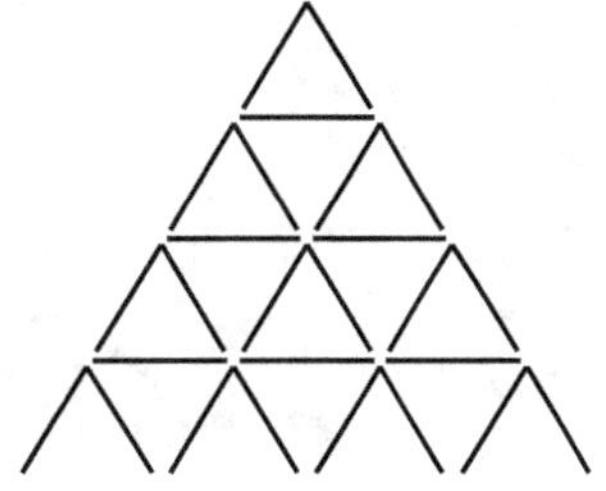

a) Wie viele Karten braucht es für ein 8-stöckiges Haus?

b) Wie viele Karten braucht es für ein n-stöckiges Haus?

c) Wie viele vollständige Stockwerke könnte man mit 2000 Karten bauen?

Zinsrechnung

Aufgabe 68: Susanne erhält zur Eröffnung eines Jugendsparbuches von ihrer Bank zu ihrer Einlage von 100 Franken ein Eröffnungsgeschenk von 50 Franken. Über welchen Betrag wird sie bei einem Jahreszins von 5.5 % verfügen können, nach dem 10 Jahre verstrichen sind?

Aufgabe 69: Angenommen man hätte zu Beginn des Jahres 1 n. Chr. einen Rappen bei einer bankähnlichen Institution bei 4 % Zins angelegt. Wie viele Franken hätte man Ende 2022 mit Zins und Zinseszins abheben können?

Aufgabe 70: Welchen Betrag muss man bei 4 % mit Zinseszins anlegen, damit man in zehn Jahren 10'000 Fr. hat?

★ *Aufgabe 71:* Ein Bausparer zahlt zu Anfang jeden Jahres 12'000 Fr. bei einer Bausparkasse ein. Wie gross ist sein Guthaben samt 3% Jahreszins unmittelbar nach der 11. Zahlung?

★ *Aufgabe 72:* Eine Mutter eröffnet für ihre Tochter bei ihrer Geburt ein Sparbuch mit 500 Fr. Welchen gleichbleibenden Betrag muss sie jedes Jahr hinzufügen, damit ihrer Tochter an ihrem 21. Geburtstag 15'000 Fr. zur Verfügung stehen? Der Zinssatz beträgt 4 %, die letzte Einzahlung erfolgt am 21. Geburtstag.

Reihenentwicklung von Dezimalbrüchen

Jeder Dezimalbruch kann als Reihen dargestellt werden. Insbesondere können die periodischen Dezimalbrüche als geometrische Reihe dargestellt werden. Zum Beispiel ist der Dezimalbruch $0.\overline{3}$ eine geometrische Reihe mit $a_1 = {}^3/_{10}$ und $q = {}^1/_{10}$.

★ *Aufgabe 73:* Rechne folgende unendlichen periodischen Dezimalbrüche in gemeine Brüche um:

a) $0.\overline{4}$　　　　b) $0.\overline{72}$　　　　c) $0.1\overline{24}$

Die Mandelbrotmenge, benannt nach Benoit Mandelbrot (*1924 in Warschau), ist ein bekanntes Beispiel fraktaler Geometrie. Sie entsteht durch die Untersuchung des Grenzverhaltens von komplexen Folgen.

Lösungen

Titelblatt: $a_{32} = 412$; $s_{32} = 7232$

1. a) 32
    b) 10 Faltungen (1'024 Nudeln)
    c) 20 Faltungen (1'048'576 Nudeln)

2. $d = 0.09375$ cm $= 0.9375$ mm ≈ 1 mm

3. (a_n) 17, 20, 23, ... (b_n) 25, 36, 49, ...
    (c_n) 48, 96, 192, ... (d_n) 15, 18, 21, ...
    (e_n) $1/5$, $1/6$, $1/7$, ... (f_n) -7, -11, -15, ...
    (g_n) 2, 1, $1/2$, ... (h_n) 7, -7, 7, ...
    (i_n) $5/6$, $6/7$, $7/8$, ... (j_n) 9, 4, -1, ...
    (k_n) $1/4$, $1/16$, $1/64$, ... (l_n) $5/32$, $6/64$, $7/128$, ...

4. $a_{10} = 32$, $a_{100} = 302$ $g_{10} = 1/16$, $g_{100} \approx 5.0487 \cdot 10^{-29}$
    $b_{10} = 100$, $b_{100} = 10'000$ $h_{10} = -7$, $h_{100} = -7$
    $c_{10} = 1536$, $c_{100} \approx 1.9015 \cdot 10^{30}$ $i_{10} = 10/11$, $i_{100} = 100/101$
    $d_{10} = 30$, $d_{100} = 300$ $j_{10} = -16$, $j_{100} = -466$
    $e_{10} = 1/10$, $e_{100} = 1/100$ $k_{10} = 1/4096$, $k_{100} \approx 1.59309 \cdot 10^{-58}$
    $f_{10} = -27$, $f_{100} = -387$ $l_{10} = 10/1024$, $l_{100} \approx 7.8886 \cdot 10^{-29}$

5. (a_n), (d_n), (f_n), (j_n) arithmetische Folgen
    (b_n) Folge der Quadratzahlen
    (c_n), (g_n), (h_n), (k_n) geometrische Folgen
    (e_n) harmonische Folge
    (i_n), (l_n) Folgen ohne bestimmten Namen

6. –

7. –

8. (a_n): 36, -49, 64; $a_n = (-1)^n \cdot n^2$
    (b_n): 63, 127, 255; $b_n = 2^n - 1$
    (c_n): 42, 56, 72; $c_n = n(n+1)$

9. (a_n): 10, 11, 12, ... $a_n = n$; $a_{n+1} = a_n + 1$, $a_1 = 1$ (Die natürlichen Zahlen)
    (b_n): 343, 512, 729, ... $a_n = n^3$ (Folge der Kubikzahlen)
    (c_n): 89, 144, 233, ... $a_{n+2} = a_{n+1} + a_n$, $a_1 = a_2 = 1$ (Fibonacci-Folge)
    (d_n): 78, 91, 105, ... $a_n = \tfrac{1}{2}(n^2 + n)$; $a_{n+1} = a_n + n + 1$, $a_1 = 1$ (Folge der Dreieckszahlen)
    (e_n): 1113213211, 31131211131221, 13211311123113112211, ... (look-and-say Folge)
    $\quad$ $e_1 = 1$ (one one); $e_2 = 11$ (two one); $e_3 = 21$ (one two one one); $e_4 = 1211$ ...
    (f_n): 33550336, 8589869056, 137438691328, ...   (Folge der perfekten Zahlen)
    $\quad$ Eine natürliche Zahl wird perfekte Zahl genannt, wenn sie genauso gross, ist wie die Summe ihrer Teiler.
    $\quad$ 6: Teiler: 1, 2 und 3 und es gilt $1 + 2 + 3 = 6$ oder
    $\quad$ 28: Teiler 1, 2, 4, 7 und 14 und es gilt $1 + 2 + 4 + 7 + 14 = 28$
    (g_n): 1, 1, 5   Keine gesetzmässige Folge. Es ist die IBAN-Nummer des vorliegenden Buches
    $\quad$\quad$ in der gebundenen Ausgabe.
    (h_n): -3, 25, 117, ...   ☺ Hast Du in Betracht gezogen, dass die Fortsetzung 16, 18, 20, ... ist?
    $\quad$\quad$ Dies ist möglich, jedoch nicht zwingend nötig. Du schliesst jedoch von einigen
    $\quad$\quad$ Beispielen auf eine allgemeine Regel. Dies ist ein sogenannter Induktionsschluss und
    $\quad$\quad$ dies ist kein gültiger Schluss, da die Folge genauso gut mit anderen Zahlen fortgesetzt
    $\quad$\quad$ werden könnte.

10. $a_{n+1} = a_n + 3;\ a_1 = 5$ $a_n = 2 + 3{\cdot}n = 5 + 3{\cdot}(n-1)$

   $b_{n+1} = b_n + 2n + 1;\ b_1 = 1$ (*) $b_n = n^2$

   $c_{n+1} = 2{\cdot}c_n;\ c_1 = 3$ $c_n = 3{\cdot}2^{n-1}$

   $d_{n+1} = d_n + 3;\ d_1 = 3$ $d_n = 3{\cdot}n$

   — $e_n = {}^1/_n$

   $f_{n+1} = f_n - 4;\ f_1 = 9$ $f_n = 13 - 4{\cdot}n = 9 - 4{\cdot}(n-1)$

   $g_{n+1} = {}^1/_2{\cdot}g_n;\ g_1 = 32$ $g_n = 64{\cdot}({}^1/_2)^n = 32{\cdot}({}^1/_2)^{n-1}$

   $h_{n+1} = (-1){\cdot}h_n;\ h_1 = 7$ $h_n = 7{\cdot}(-1)^{n-1}$

   — $i_n = {}^n/_{(n+1)} = 1 - {}^1/_{(n+1)}$

   $j_{n+1} = j_n - 5;\ j_1 = 29$ $j_n = 29 - 5(n-1)$

   $k_{n+1} = {}^1/_4{\cdot}k_n;\ k_1 = 64$ $k_n = 128{\cdot}({}^1/_4)^n = 64{\cdot}({}^1/_4)^{n-1}$

   — $l_n = n : 2^n$

11. $a_n = (-1)^n n^2$

   $b_n = 2^n - 1$

   $c_n = n(n+1) = n^2 + n$

12. explizite Darstellung (Vorteil): direkte Berechnung des n-ten Folgeglieds

   explizite Darstellung (Nachteil): kann sehr schwierig zu finden sein

   rekursive Darstellung (Vorteil): häufig einfacher aufzustellen

   rekursive Darstellung (Nachteil): Vorgänger muss bekannt sein

13. $(a_n) = (-2, 1, 4, 7, 10, 13, \ldots)$ $a_{100} = 295$ $a_{101} = 298$

   $(b_n) = ({}^1/_2, {}^2/_3, {}^3/_4, {}^4/_5, {}^5/_6, {}^6/_7, \ldots)$ $b_{100} = {}^{100}/_{101}$ $b_{101} = {}^{101}/_{102}$

   $(c_n) = (0, 1, 0, {}^1/_2, 0, {}^1/_3, \ldots)$ $c_{100} = {}^1/_{50}$ $c_{101} = 0$

   $(d_n) = (5, 5, 5, 5, 5, 5, \ldots)$ $d_{100} = 5$ $d_{101} = 5$

   $(e_n) = (2, 2.25, 2.37, 2.44, 2.49, 2.52, \ldots)$ $e_{100} = 2.7048$ $e_{101} = 2.7049$

14. Für sehr grosse n strebt e_n gegen 2.718281828… Dies ist die Eulersche Zahl e!

15. a) $2, 5, 14, 41, 122, 365, \ldots$

   b) $1, 4, 9, 16, 25, 36, \ldots$

   c) $1, {}^1/_2, {}^2/_3, {}^3/_5, {}^5/_8, {}^8/_{13}, \ldots$

   d) $1, 1, 2, 3, 5, 8, 13, 21, 34, 55, \ldots$

   e) $16, 2, 18, 20, 38, 58, \ldots$

16. a) $a_1 = -7$ $a_{n+1} = a_n + 4$

   b) $a_1 = 0.5$ $a_{n+1} = -0.5{\cdot}a_n$

   c) $a_1 = 10$ $a_{n+1} = a_n + n + 1$

   d) $s_1 = 0$ $s_{n+1} = s_n + n$

   e) $a_1 = 2$ $a_{n+1} = {}^{2(n+1)}/_n \cdot a_n$

17. arithmetische Folgen $(a_n), (d_n), (f_n), (j_n)$

   geometrische Folgen $(c_n), (g_n), (h_n), (k_n)$

18. a) $a_1 = 9$ $a_{n+1} = a_n + 7$ $a_n = 9 + (n-1){\cdot}7$

   b) $a_1 = \ldots$ $a_{n+1} = a_n + d$ $a_n = a_1 + (n-1){\cdot}d$

19. a) $a_1 = 2$ $a_{n+1} = a_n \cdot 3$ $a_n = 2 \cdot 3^{n-1}$

   b) $a_1 = \ldots$ $a_{n+1} = a_n \cdot q$ $a_n = a_1 \cdot q^{n-1}$

20. a) $d = 5,\ a_{15} = 63$

   b) $d = {}^2/_3,\ a_{15} = 29/3$

21. a) $q = 3,\ a_7 = 27$

   b) $q = \sqrt{2},\ b_7 = 40$

22. 440 Hz, 466 Hz, 494 Hz, 523 Hz, 554 Hz, 587 Hz, 622 Hz, 659 Hz, 698 Hz, 740 Hz, 784 Hz, 831 Hz, 880 Hz

23. $a = 4, b = 1, c = -2;\ a = 1, b = 1, c = 1$

24. arithmetische Folge

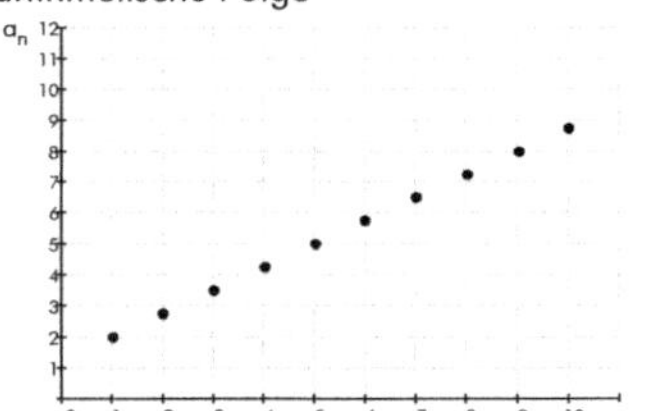

geometrische Folge

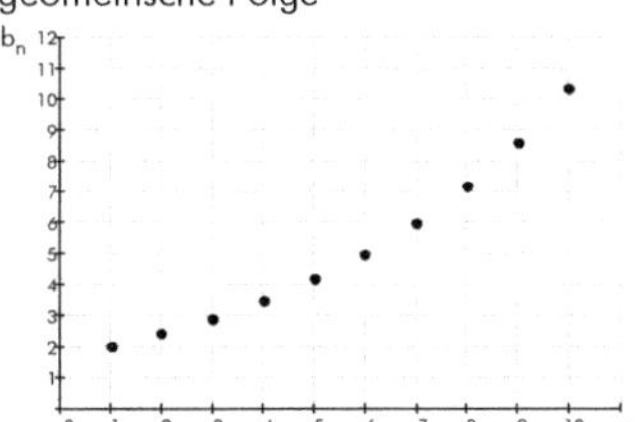

Es handelt sich um isolierte Punkte. Sie sind nicht verbunden!

25. a) 5.100000, 5.090909, 5.001000, 5.000999, 5.000001, 5.000001

b) 0.909090, –0.916667, 0.999001, –0.999002, 0.999999, –0.999999

c) $^7/_8, ^7/_8, ^7/_8, ^7/_8, ^7/_8, ^7/_8$

d) $10^3, 11^3, 1000^3, 1001^3, 1000000^3, 1000001^3$

e) 2, 0, 2, 0, 2, 0

f) 1.428571, 1.46667, 1.992032, 1.992040, 1.999992, 1.999992

26. Fall A: z.B. $a_n = ^1/_n$

Fall B: z.B. $a_n = 3n$

Fall C: z.B. $a_n = (-1)^n \cdot 3n$

27. Fall A: $a_n = \frac{1}{2}^n$ $|q| < 1$ konvergent (Nullfolge)

$a_n = 1^n$ $q = 1$ konvergent (konstante Folge)

Fall B: $a_n = 2^n$ $q > 1$ divergent (gegen unendlich)

Fall C: $b_n = (-1)^n$ $q \le -1$ divergent (alternierend)

28. a_n konvergent, $g = 0$ (Nullfolge)

b_n konvergent, $g = 3.5$

c_n divergent

29. a) $\lim\limits_{n \to \infty}(a_n) = 1$ $\lim\limits_{n \to \infty}(b_n) = 2$

b) $\lim\limits_{n \to \infty}(a_n + b_n) = 3$ $\lim\limits_{n \to \infty}(a_n - b_n) = -1$

$\lim\limits_{n \to \infty}(a_n \cdot b_n) = 2$ $\lim\limits_{n \to \infty}\left(\frac{a_n}{b_n}\right) = \frac{1}{2}$

30. $\lim\limits_{n \to \infty} a_n = 5$ $\lim\limits_{n \to \infty} b_n = 0.2$ $\lim\limits_{n \to \infty} c_n = -\infty$

$\lim\limits_{n \to \infty} d_n = ^2/_3$ $\lim\limits_{n \to \infty} e_n = 0$ $\lim\limits_{n \to \infty} f_n = \infty$

$\lim\limits_{n \to \infty} g_n = ^a/_b$ $\lim\limits_{n \to \infty} h_n = 0.25$ $\lim\limits_{n \to \infty} i_n = -1$

$\lim\limits_{n \to \infty} k_n = 3$ $\lim\limits_{n \to \infty} l_n = 0.5$ $\lim\limits_{n \to \infty} m_n = 0$

$\lim\limits_{n \to \infty} n_n = \infty$ $\lim\limits_{n \to \infty} o_n = 3$ $\lim\limits_{n \to \infty} p_n = 6$

$\lim\limits_{n \to \infty} q_n = \infty$ $\lim\limits_{n \to \infty} r_n = 0$ $\lim\limits_{n \to \infty} s_n = 0.5$

$\lim\limits_{n \to \infty} t_n = 0$ $\lim\limits_{n \to \infty} u_n = 0$ $\lim\limits_{n \to \infty} v_n = 2.718281828\ldots = e$ (Die Eulersche Zahl e!)

31. 17.7577...

32. a) $V = 120, 60, 30, 15, 7.5, 3.75, 1.875, 0.9375, 0.46875, 0.234375\ cm^3$

b) $V = 120, 180, 210, 225, 232.5, 236.25, 238.125, 239.0625, 239.53125, 239.765625\ cm^3$

c) $V = 240\ cm^3$

33. a) *Büttner hatte ihnen [den Schülern] aufgetragen,
alle Zahlen von eins bis hundert zusammenzuzählen.
Das würde Stunden dauern, und es war beim besten
Willen nicht zu schaffen, ohne irgendwann einen
Additionsfehler zu machen, für den man bestraft
werden konnte. „Na los", hatte Büttner gerufen, „keine
Maulaffen feilhalten, anfangen, los!" Später hätte
Gauss nicht mehr sagen können, ob er an diesem Tag
müder gewesen war als sonst oder einfach nur
gedankenlos. Jedenfalls hatte er sich nicht unter
Kontrolle gehabt und stand nach drei Minuten mit
seiner Schiefertafel, auf die nur eine einzige Zeile
geschrieben war, vor dem Lehrerpult.*

   *„So", sagte Büttner und griff nach dem Stock. Sein
Blick fiel auf das Ergebnis, und seine Hand erstarrte. Er
fragte, was das solle.*

   „Fünftausendfünfzig."

   „Was?"

   *Gauss versagte die Stimme, er räusperte sich, er
schwitzte. Er wünschte nur, er wäre noch auf seinem
Platz und rechnete wie die anderen, die mit gesenktem
Kopf dasassen und taten, als hörten sie nicht zu.
„Darum sei es doch gegangen, eine Addition aller
Zahlen von eins bis hundert. Hundert und eins ergebe
hunderteins. Neunundneunzig und zwei ergebe
hunderteins. Achtundneunzig und drei ergebe
hunderteins. Immer hunderteins. Das könne man
fünfzigmal machen. Also fünfzig mal hunderteins."*

   Büttner schwieg.

   *„Fünftausendfünfzig", wiederholte Gauss, in der
Hoffnung, dass Büttner es ausnahmsweise verstehen
würde. Fünfzig mal hunderteins sei fünftausendfünfzig.
Er rieb sich die Nase. Er war nahe am Weinen.*
   (D. Kehlmann: „Die Vermessung der Welt" im Rowohlt Verlag, 2006)

   b) 15'006

   c) 10'318

   d) $s_n = n\dfrac{n+1}{2}$

34. a) 5050

   b) 15'006

   c) 10'318

   d) Mit $a_1 = 1$ und $a_n = n$ finden wir :

   $$s_n = n\frac{a_1 + a_n}{2} = n\frac{1+n}{2} = n\frac{n+1}{2}$$

   oder mit $d = 1$ und $a_1 = 1$ finden wir :

   $$s_n = a_1 \cdot n + \frac{n \cdot (n-1)}{2} \cdot d = 1 \cdot n + \frac{n \cdot (n-1)}{2} \cdot 1 = n + \frac{n \cdot (n-1)}{2} == n\frac{n+1}{2}$$

35. a) $s_{35} = 3570$

   b) $s_{20} = -40$

36. a) 7'232 Zuschauer

   b) 46 Reihen

37. $V = 232.5 \ cm^3$

38. a) $s_{20} = 466.72$

   b) $s_{100} = 65250.63$

   c) $s_{55} = 131.665$

39. a) $N = 18'446'744'073'709'551'615$

   b) $m = 922$ Milliarden Tonnen (Jahreswelternte Weizen: 600 Millionen Tonnen)
   Auf dem Brett wären also ca. 1500 Welternten an Weizen!

40. a) $V = 240 \ cm^3$

   b) $N = \infty$

   c) bei a) $q = 0.5 < 1$
   bei b) $q = 2 > 1$

   d) $|q| < 1 \ \rightarrow \ $ konvergent
   $|q| \geq 1 \ \rightarrow \ $ divergent

   e) $s = \lim_{n\to\infty}\left(a_1 \frac{1-q^n}{1-q}\right) = a_1 \frac{1-\cancel{q}^0}{1-q} = a_1\frac{1}{1-q} = \frac{a_1}{1-q} \qquad$ falls $|q| < 1$

41. a) $^8/_7$

 b) $^{100}/_{199}$

 c) $^{27}/_2$

 d) ∞

42. Nein

43. a) $1 + 4 + 9 + 16 + 25 + 36 = 91$

 b) $2 + 8 + 24 + 64 + 160 + 384 + 896 = 1538$

44. a) $\displaystyle\sum_{n=1}^{63} 2n - 1$

 b) $\displaystyle\sum_{n=1}^{25} \frac{1}{4n - 1}$

 c) $\displaystyle\sum_{n=1}^{\infty} \left(-\frac{1}{3}\right)^{n-1}$

45. a) $\dfrac{2097151}{1048576} \approx 1.999999046$

 b) $16'362'000$

46. a) explizit: $a_n = 24 \cdot 0.97^{n-1}$
 rekursiv: $a_1 = 24$, $a_{n+1} = 0.97 \cdot a_n$

 b) beim 129. Wurf

 c) $s_{120} = 779.31$ m, $s = 800$ m, $\Delta = 20.69$ m

 d) $a_{80} = 1.50$ m

 e) $a_1 = 41^1/_3$ m

47. $3072, 6141$

48. $n = 20$, $a_2 = 4.79$

49. $6, 3, 0, -3, -6, -9$

50. $8748, 2916, 972, 324, 108, 36, 12, 4$

51. 2730

52. $s_{19} = 1'048'574$

53. $a_1 = 6$

54. $\frac{1}{x}$ für $x > 0$, sonst divergent

55. $a_1 = 3$, $d = 4$ und $a_1 = -14$, $d = 12.5$

56. $a_n = 3 \cdot 4^{n-1}$ und $a_n = 3 \cdot (-5)^{n-1}$

57. a) 40.13%

 b) 90 Platten

58. 2017

59. a) 125 m

 b) 845 m

 c) 19 s

60. a) $19'683$ Personen

 b) 1023 Personen

61. $5.7 \cdot 10^{265} \approx 10^{265.8}$ (im Jahr 2007)
 $6.6 \cdot 10^9$ (Weltbevölkerung in Jan. 2007)

62. a) $a_1 = 2$, $a_2 = 4$, $a_3 = 6$, $a_n = 2 \cdot n$

 b) $s_1 = 2$, $s_2 = 6$, $s_3 = 12$, $s_n = n^2 + n$

63. 1.5469

64. $\pi/2$

65. a) $u_n = 3 \cdot \left(\dfrac{4}{3}\right)^{n-1}$ Der Umfang wird immer grösser (divergiert).

   b) $A_n = \dfrac{2 \cdot \sqrt{3}}{5} = 0.6928...$ Die Fläche konvergiert!

   Bei dieser Figur, der Kochschen Flocke, handelt es sich um ein Fraktal. Eine endliche Fläche, die von einer unendlich langen Linie begrenzt wird, ist sehr eigenartig.

66. a) $x = a \cdot \left(2\sqrt{3} - 3\right)$

   b) 127.452

67. a) 100

   b) $\dfrac{3n^2 + n}{2}$

   c) 36 vollständige Stockwerke

68. 256.22 Fr

69. Ende 2022: $a_{2022} = 0.01 \cdot 1.04^{2022} = 2.7632 \cdot 10^{32}$ Fr.
   (Dies entspricht etwa 200 Erdkugeln aus Gold).

70. 6755.65 Fr.

71. 153'693.55 Fr.

72. 433.55 Fr.

73. a) $4/9$
   b) $8/11$
   c) $41/330$

Analysis
Finanzmathematik

Die Finanzmathematik ist eine Disziplin der angewandten Mathematik, die sich mit Themen aus dem Bereich von Finanzdienstleistern – wie etwa Banken oder Versicherungen – beschäftigt.

Sparen versus Kredit

Die Familie Eigenheim will sich eine Wohnung kaufen. Eine für sie geeignete 4½-Zimmer-Wohnung kostet typischerweise CHF 250'000. Die Eigenheims haben bereits CHF 50'000 gespart. Ihre Eltern sind bereit, CHF 100'000 beizusteuern. Sie müssen also noch weitere CHF 100'000 Franken selbst beisteuern. Um an dieses Geld zu gelangen, können sie entweder sparen oder aber einen Kredit aufnehmen. Die Familie Eigenheim wünscht sich, dass die Wohnung in zehn Jahren vollständig ihr Eigentum ist, d.h. dass sie die Wohnung ohne Kredit von der Bank selbstständig finanzieren können.

Die Eigenheims haben eine Tochter mit Namen Cabrioletta. Sie findet die Mietwohnung, in der sie wohnen, ganz ok und denkt, man könne mit dem vielen Geld auch was Schlaueres anfangen. Für die CHF 50'000 und weitere CHF 100'000 könnte man zum Beispiel einen Ferrari F360 kaufen. Leider haben die Grosseltern bereits signalisiert, dass sie in diesem Fall nicht bereit sind, CHF 100'000 Franken beizusteuern.

Was sie auch immer kaufen mögen, die Eigenheims haben CHF 50'000 Franken erspart und sie benötigen weitere CHF 100'000 Franken, um ihre Träume zu realisieren.

Sie können ihr Geld auf ein Konto legen und warten, bis Zins und Zinseszinsen genügend erwirtschaftet haben.

Wir gehen davon aus, dass ein Kapital K_0 jährlich mit dem Zinssatz p verzinst wird. Die Zinsperiode beträgt ein Jahr, d.h. der Zins wird am Ende eines Kalenderjahres zum Kapital addiert. Beträgt die Laufzeit t nur ein paar Monate, wird der Jahreszins entsprechend der Anzahl Monate umgerechnet.

Einmalige Geldanlage

Aufgabe 1: Können die Eigenheims ihren Traum realisieren?
   a) Die Familie Eigenheim legt ihre CHF 50'000 auf ein Konto mit 2 % Zinsen. Wie lange müssen sie warten, bis sie die benötigten weiteren CHF 100'000 erspart haben?
   b) Welchen Zinssatz müssten sie auf ihren CHF 50'000 erhalten, damit sie ihre Wohnung in den gewünschten zehn Jahren kaufen könnten?

Ratensparen und Ratenkredit

Es gibt viele Möglichkeiten, Geld zu sparen oder aufzunehmen. Die zwei wichtigsten davon sind:

Ratensparen

Genau wie bei der einmaligen Zahlung legst Du Dein Geld auf ein Bankkonto und Du erhältst Zins und Zinseszins. Du zahlst jedoch nicht den ganzen Betrag auf einmal ein, sondern Du legst jedes Jahr oder auch monatlich einen gewissen Betrag, die Rate, zurück.

Ratenkredite

Die Bank gewährt Dir einen Kredit. Du musst nun das Geld in jährlichen Raten zurückzahlen. Zusätzlich musst du der Bank jedes Jahr Zinsen für das geliehene Geld bezahlen.

Liegenschaften verlieren ihren Wert nur langsam. Wird auf einer Immobile ein Kredit – d.h. eine Hypothek – aufgenommen, so hat die Bank also eine grosse Sicherheit und sie ist bereit, den Kredit zu guten Konditionen zu geben.

Konsumgüter wie Autos, Computer und Stereoanlagen verlieren ihren Wert sehr schnell. Die einzige Sicherheit, die die Bank also hat, ist der Lohn des Kreditnehmer. Die typischen Zinse für Konsumkredite sind wesentlich höher als für Hypotheken.

Die Eigenheims erhalten einen 13. Monatslohn von CHF 6'500. Sie sind bereit, diesen in die Realisierung ihres Traums zu investieren.

Im Weiteren werden verschiedene Finanzierungsmöglichkeiten mit ihren Vor- und Nachteilen diskutiert:

Ratensparen

Aufgabe 2: Die Familie Eigenheim hat sich entschlossen, das benötigte Geld in Raten zu sparen. CHF 50'000 hat sie bereits erspart, weitere CHF 100'000 braucht sie. Sie können bis zu CHF 6'500 pro Jahr zurücklegen und sie möchten sich ihren Traum in etwa zehn Jahren realisieren. Der Zins auf Sparkonten beträgt 1 %.
Berechne, welchen Betrag die Familie insgesamt zu bezahlen hat und wie lange es dauern wird, bis sie das Geld gespart haben.

Aufgabe 3: Versicheide Varianten des Ratensparens:
  a) Die Familie Eigenheim erhält den 13. Monatslohn am Ende des Jahres. Sie legt dieses Geld jeweils am Anfang eines Jahres auf die Bank. Wie lange dauert es, bis die Eigenheims die benötigten CHF 100'000 gespart haben, wenn die Bank einen Zins von 2 % bezahlt? Wie viel Zins haben die Eigenheims insgesamt erhalten? Löse diese Aufgabe mithilfe einer Tabelle.
  b) Welchen Betrag müssen die Eigenheims zehn Jahre lang jeweils zu Jahresbeginn auf ein Anlagesparkonto einzahlen, um am Ende des zehnten Jahres eine Summe von CHF 150'000 auf dem Konto zu haben, wenn man einen Zinssatz von 2 % zugrunde legt? Wie viele Zinsen haben sie erhalten?
  c) Welchen Zinssatz müssten sie erhalten, damit sie in zehn Jahren bei der Einlage des 13. Monatslohns ein Vermögen von CHF 150'000 gespart haben?

Ratenkredite: Hypothek

Aufgabe 4: Die Eigenheims haben beschlossen eine Wohnung zu kaufen und dafür eine Hypothek
aufzunehmen. CHF 50'000 haben sie bereits erspart, weitere CHF 100'000 brauchen sie
noch. Sie können bis zu CHF 6'500 pro Jahr zurücklegen und sie möchten sich ihren Traum in
etwa zehn Jahren realisieren. Der Hypothekarzins beträgt 2 %.
Berechne welchen Betrag die Familie insgesamt zu bezahlen hat und wie lange es dauert, bis
sie das Geld gespart haben.

Aufgabe 5: Versicheide Varianten von Hypotheken:
  a)   Die Familie Eigenheim nimmt eine Hypothek von CHF 100'000 auf. Sie verwendet den
       13. Monatslohn, um die Zinsen auf der Hypothek zu bezahlen und um die Hypothek
       abzuzahlen. Die Bank verrechnet einen Zins von 2 %. Die Eigenheims wollen die
       Hypothek vollständig abzahlen. Wie lange dauert dies und wie viel Zinsen mussten
       während dieser Zeit insgesamt bezahlt werden? Löse diese Aufgabe mithilfe einer Tabelle.
  b)   Die Eigenheims haben eine Hypothek von CHF 100'000 aufgenommen. Diese Schuld
       wollen sie in zehn gleich grossen jährlichen Raten begleichen. Wie gross sind diese Raten
       bei einem Zinsfuss von 2 %?
  c)   Bei welchem Zinssatz könnten sie die CHF 100'000 nach zehn Jahren zurückbezahlen?

Ratenkredite: Konsumkredit

Aufgabe 6: Die Eigenheims haben beschlossen ein Auto zu kaufen und dafür einen Konsumkredit
aufzunehmen. CHF 50'000 haben sie bereits erspart, weitere CHF 100'000 brauchen sie. Sie
können bis zu CHF 6'500 pro Jahr zurücklegen und sie möchten sich ihren Traum in etwa
zehn Jahren realisieren. Der Zinssatz für Konsumkredite betrage 6 % (realistisch ist eher 12 %).
Berechne, welchen Betrag die Familie insgesamt zu bezahlen hat und wie lange es dauert, bis
sie das Geld gespart hat.

Aufgabe 7: Versicheide Varianten des Konsumkredits:
  a)   Die Familie Eigenheim gibt dem Drängen der Tochter Cabrioletta nach und nimmt einen
       Konsumkredit von CHF 100'000 auf. Sie verwendet den 13. Monatslohn, um die Zinsen
       zu bezahlen und um den Kredit abzuzahlen. Die Bank verrechnet einen Zins von 13 %.
       Die Eigenheims müssen den Kredit vollständig abzahlen. Wie lange dauert dies? Löse die
       Aufgabe mit einer Tabelle.
  b)   Die Eigenheims sind bereit für diesen Wagen wirklich zu schuften. Alle Familienmitglieder
       arbeiten wie wahnsinnig und essen nur M-Budget Teigwaren. So können sie jährlich
       CHF 16'000 aufwenden, um die Zinslast zu begleichen und den Kredit abzuzahlen. Wie
       lange dauert es nun, bis die Schuld abgebaut ist? Wie viel Zinsen mussten sie insgesamt
       bezahlen?
  c)   Die Eigenheims haben einen Konsumkredit von CHF 100'000 aufgenommen. Diese
       Schuld wollen sie in zehn gleich grossen, jährlichen Raten begleichen. Wie gross sind
       diese Raten bei einem für Hypotheken üblichen Zinsfuss von 13 %?
  d)   Welchen Kredit könnten sie sich leisten, wenn der Zinsfuss unverändert 13 % beträgt und
       sie das Geld in zehn Jahren zurückbezahlt haben wollen? Sie können nur den
       13. Monatslohn für Zinsen und Amortisation aufwenden.

Zusammenstellung

Aufgabe 8: Stelle die wichtigsten Zahlen übersichtlich zusammen und diskutiere Vor- und
Nachteile dieser Methode. Bereiten dich darauf vor, dass Du jemand anderem erklären musst,
wie die Familie Eigenheim gedenkt, ihren Traum zu finanzieren und welche Vor- und Nachteile
damit verbunden sind.

Zusatzaufgaben

Aufgabe 9: Ratensparen mit Monatsraten: Du legst immer am Anfang eines Monats CHF 200 auf
die Bank. Das erste Mal am 1. Januar. Welchen Betrag erhältst Du nach 8 Jahren, wenn die
Bank einen Zins von 1 % gibt?

Aufgabe 10: Rente aus Kapitalvermögen: Wie oft kann von einem Guthaben von CHF 100'000
jeweils zu Jahresanfang Fr. 5'000 abgehoben werden, wenn der Zinssatz 1 % beträgt?
Wie lange dauert es, bis das Guthaben aufgebraucht ist, wenn der Zinssatz 5 % beträgt.

Aufgabe 11: Ein Bausparer zahlt zu Anfang jeden Jahres 12'000 Fr. bei einer Bausparkasse ein.
Wie gross ist sein Guthaben samt 3% Jahreszins unmittelbar nach der 11. Zahlung?

Aufgabe 12: Eine Mutter eröffnet für ihre Tochter bei ihrer Geburt ein Sparbuch mit 500 Fr.
Welchen gleichbleibenden Betrag muss sie jedes Jahr hinzufügen, damit ihrer Tochter an
ihrem 21. Geburtstag 15'000 Fr. zur Verfügung stehen? Der Zinssatz beträgt 4 %, die letzte
Einzahlung erfolgt am 21. Geburtstag.

Lösungen

1. a) Dauer: 55.48 Jahre
      Zinsen: 100'000 CHF
   b) Zinssatz: 11.612%
      Zinsen: 100'000 CHF

2. Hier ein Modell bei 1 % Zins jährlich und einer Einlage von CHF 6'500 Ende des Jahres

Jahr	Kapital		Zins (1 %)		Einlage	
0	CHF	50'000.00	CHF	500.00	CHF	6'500.00
1	CHF	57'000.00	CHF	570.00	CHF	6'500.00
2	CHF	64'070.00	CHF	640.70	CHF	6'500.00
3	CHF	71'210.70	CHF	712.11	CHF	6'500.00
4	CHF	78'422.81	CHF	784.23	CHF	6'500.00
5	CHF	85'707.04	CHF	857.07	CHF	6'500.00
6	CHF	93'064.11	CHF	930.64	CHF	6'500.00
7	CHF	100'494.75	CHF	1'004.95	CHF	6'500.00
8	CHF	107'999.69	CHF	1'080.00	CHF	6'500.00
9	CHF	115'579.69	CHF	1'155.80	CHF	6'500.00
10	CHF	123'235.49	CHF	1'232.35	CHF	6'500.00
11	CHF	130'967.84	CHF	1'309.68	CHF	6'500.00
12	CHF	138'777.52	CHF	1'387.78	CHF	6'500.00
13	CHF	146'665.30	CHF	1'466.65	CHF	6'500.00
14	CHF	154'631.95	CHF	1'546.32		

Dauer: 14 Jahre
Kapital: CHF 50'000.00
Einlagen: CHF 91'000.00
Zinsen: CHF 15'178.27 (+10 % auf CHF 150'000)
Vermögen: CHF 154'631.95

3. a) Dauer: 12 Jahre
      Zinsen: CHF 24'334.24
   b) Rate: CHF 7'973.19 p.a.
      Zinsen: 20'268.11
   c) Zinssatz: 3.549 %
      Zinsen: CHF 35'003.91

4. Hier ein Modell bei 2 % Hypothekarzins jährlich und einer Zahlung von CHF 6'500 Ende des Jahres (Amortisation und Zins)

Jahr	Hypothek		Zins (2 %)		Einlage	
0	CHF	100'000.00	CHF	2'000.00	CHF	6'500.00
1	CHF	95'500.00	CHF	1'910.00	CHF	6'500.00
2	CHF	90'910.00	CHF	1'818.20	CHF	6'500.00
3	CHF	86'228.20	CHF	1'724.56	CHF	6'500.00
4	CHF	81'452.76	CHF	1'629.06	CHF	6'500.00
5	CHF	76'581.82	CHF	1'531.64	CHF	6'500.00
6	CHF	71'613.46	CHF	1'432.27	CHF	6'500.00
7	CHF	66'545.72	CHF	1'330.91	CHF	6'500.00
8	CHF	61'376.64	CHF	1'227.53	CHF	6'500.00
9	CHF	56'104.17	CHF	1'122.08	CHF	6'500.00
10	CHF	50'726.26	CHF	1'014.53	CHF	6'500.00
11	CHF	45'240.78	CHF	904.82	CHF	6'500.00
12	CHF	39'645.60	CHF	792.91	CHF	6'500.00
13	CHF	33'938.51	CHF	678.77	CHF	6'500.00
14	CHF	28'117.28	CHF	562.35	CHF	6'500.00
15	CHF	22'179.62	CHF	443.59	CHF	6'500.00
16	CHF	16'123.22	CHF	322.46	CHF	6'500.00
17	CHF	9'945.68	CHF	198.91	CHF	6'500.00
18	CHF	3'644.59	CHF	72.89	CHF	6'500.00
19	CHF	-2'782.51	CHF	-55.65	CHF	6'500.00

Dauer: 19 Jahre
Kapital: CHF 50'000.00
Einlagen: CHF 130'000.00
Zinsen: CHF 20'661.84 (−14 % auf CHF 150'000)
Vermögen: CHF 154'631.95 (Das Haus kann wieder verkauft werden.)

5. a) Dauer: 19 Jahre
        Zinsen: CHF –20'717.49 (–20 %)
    b) Rate: CHF 11'132.65
        Zinsen: CHF –11'326.53 (–11 %)
    c) Das geht nicht!

6. Hier ein Modell bei 6 % Zins jährlich und einer Zahlung
    von CHF 6'500 Ende des Jahres (Amortisation und Zins)
    [Einige Zeilen ausgeblendet.]

Jahr	Hypothek		Zins (6 %)		Einlage	
0	CHF	100'000.00	CHF	6'000.00	CHF	6'500.00
1	CHF	99'500.00	CHF	5'970.00	CHF	6'500.00
2	CHF	98'970.00	CHF	5'938.20	CHF	6'500.00
3	CHF	98'408.20	CHF	5'904.49	CHF	6'500.00
4	CHF	97'812.69	CHF	5'868.76	CHF	6'500.00
5	CHF	97'181.45	CHF	5'830.89	CHF	6'500.00
6	CHF	96'512.34	CHF	5'790.74	CHF	6'500.00
7	CHF	95'803.08	CHF	5'748.18	CHF	6'500.00
8	CHF	95'051.27	CHF	5'703.08	CHF	6'500.00
9	CHF	94'254.34	CHF	5'655.26	CHF	6'500.00
10	CHF	93'409.60	CHF	5'604.58	CHF	6'500.00
11	CHF	92'514.18	CHF	5'550.85	CHF	6'500.00
36	CHF	40'439.57	CHF	2'426.37	CHF	6'500.00
37	CHF	36'365.94	CHF	2'181.96	CHF	6'500.00
38	CHF	32'047.90	CHF	1'922.87	CHF	6'500.00
39	CHF	27'470.77	CHF	1'648.25	CHF	6'500.00
40	CHF	22'619.02	CHF	1'357.14	CHF	6'500.00
41	CHF	17'476.16	CHF	1'048.57	CHF	6'500.00
42	CHF	12'024.73	CHF	721.48	CHF	6'500.00
43	CHF	6'246.21	CHF	374.77	CHF	6'500.00
44	CHF	120.98	CHF	7.26	CHF	6'500.00

Dauer: 44 Jahre
Kapital: CHF 50'000.00
Einlagen: CHF 292'500.00
Zinsen: CHF 186'128.24 (–124 % auf CHF 150'000)
Vermögen   CHF 0.00 (Das Auto ist abgeschrieben.)

7. a) Es gelingt nicht, die Schuld zurückzubezahlen.
    b) Dauer: 14 Jahre
        Zinsen: CHF – 119'351.86
    c) Rate: CHF 18'428.96
        Zinsen: CHF – 84'289.56
    d) Kredit: CHF 35'270.58
        Zinsen: CHF –29'729.42

8. –

9. CHF 32'505.31
    Hier die ersten 14 Monate:

Monat	Jahr	Kapital		Zins (1 %)		Einlage	
0	0.00	CHF	200.00	CHF	2.00	CHF	200.00
1	0.08	CHF	402.00	CHF	4.02	CHF	200.00
2	0.17	CHF	606.02	CHF	6.06	CHF	200.00
3	0.25	CHF	812.08	CHF	8.12	CHF	200.00
4	0.33	CHF	1'020.20	CHF	10.20	CHF	200.00
5	0.42	CHF	1'230.40	CHF	12.30	CHF	200.00
6	0.50	CHF	1'442.71	CHF	14.43	CHF	200.00
7	0.58	CHF	1'657.13	CHF	16.57	CHF	200.00
8	0.67	CHF	1'873.71	CHF	18.74	CHF	200.00
9	0.75	CHF	2'092.44	CHF	20.92	CHF	200.00
10	0.83	CHF	2'313.37	CHF	23.13	CHF	200.00
11	0.92	CHF	2'536.50	CHF	25.37	CHF	200.00
12	1.00	CHF	2'761.87	CHF	27.62	CHF	200.00
13	1.08	CHF	2'989.48	CHF	29.89	CHF	200.00
14	1.17	CHF	3'219.38	CHF	32.19	CHF	200.00

10. Bei 1 % Zinsen: Nach 21 Jahren ist noch ein Vermögen von CHF 881.26 übrig.
    Bei 5 % Zinsen: Nach 61 Jahren ist noch ein Vermögen von CHF 1'934.27 übrig.

Monat	Kapital		Zins (1 %)		Bezug	
0	CHF	95'000.00	CHF	950.00	CHF	5'000.00
1	CHF	90'950.00	CHF	909.50	CHF	5'000.00
2	CHF	86'859.50	CHF	868.60	CHF	5'000.00
3	CHF	82'728.10	CHF	827.28	CHF	5'000.00
4	CHF	78'555.38	CHF	785.55	CHF	5'000.00
5	CHF	74'340.93	CHF	743.41	CHF	5'000.00
6	CHF	70'084.34	CHF	700.84	CHF	5'000.00
7	CHF	65'785.18	CHF	657.85	CHF	5'000.00
8	CHF	61'443.03	CHF	614.43	CHF	5'000.00
9	CHF	57'057.46	CHF	570.57	CHF	5'000.00
10	CHF	52'628.04	CHF	526.28	CHF	5'000.00
11	CHF	48'154.32	CHF	481.54	CHF	5'000.00
12	CHF	43'635.86	CHF	436.36	CHF	5'000.00
13	CHF	39'072.22	CHF	390.72	CHF	5'000.00
14	CHF	34'462.94	CHF	344.63	CHF	5'000.00
15	CHF	29'807.57	CHF	298.08	CHF	5'000.00
16	CHF	25'105.65	CHF	251.06	CHF	5'000.00
17	CHF	20'356.71	CHF	203.57	CHF	5'000.00
18	CHF	15'560.27	CHF	155.60	CHF	5'000.00
19	CHF	10'715.88	CHF	107.16	CHF	5'000.00
20	CHF	5'823.03	CHF	58.23	CHF	5'000.00
21	CHF	881.26	CHF	8.81	CHF	5'000.00

11. 153'693.55 Fr.

12. 433.55 Fr.

Analysis
Differentialrechnung I

Frontier ist ein Supercomputer am Oak Ridge National Laboratory in den USA, der im Juni 2022 in Betrieb genommen wurde. Zum Zeitpunkt der Inbetriebnahme war Frontier der weltschnellste Supercomputer mit einer Spitzenleistung von rund 1'100 PetaFLOPS ($1.10 \cdot 10^{18}$ Floating Point Operations per Second). Im Vergleich dazu erreicht ein schneller PC „nur" etwa 10^{11} FLOPS, also 1'000'000-mal weniger! Frontier benötigt 121 MW elektrische Leistung.

1. Tangenten an Funktionen

Aufgabe 1: Steigungen von Geraden:

a) Bestimme die Steigungen aller Geraden in den beiden Diagrammen.

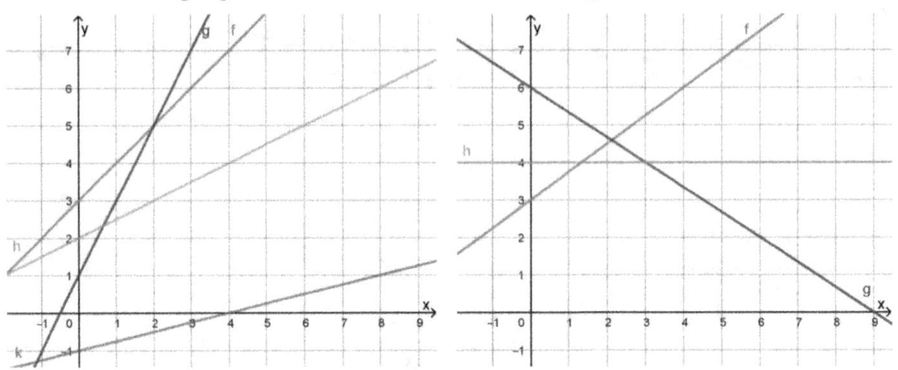

b) Je grösser die Steigung m, desto ....*steiler*.... ist der Graph der Funktion.

Ist die Steigung positiv, so ist der Graph der Funktion ...*steigend*...,

ist Steigung negativ, so ist der Graph der Funktion ...*fallend*...,

ist die Steigung Null, so ist die Funktion ...*konstant*... .

c) Diese Figur zeigt das Ort-Zeit-Diagramm eines Autos. Bestimme seine Geschwindigkeit.

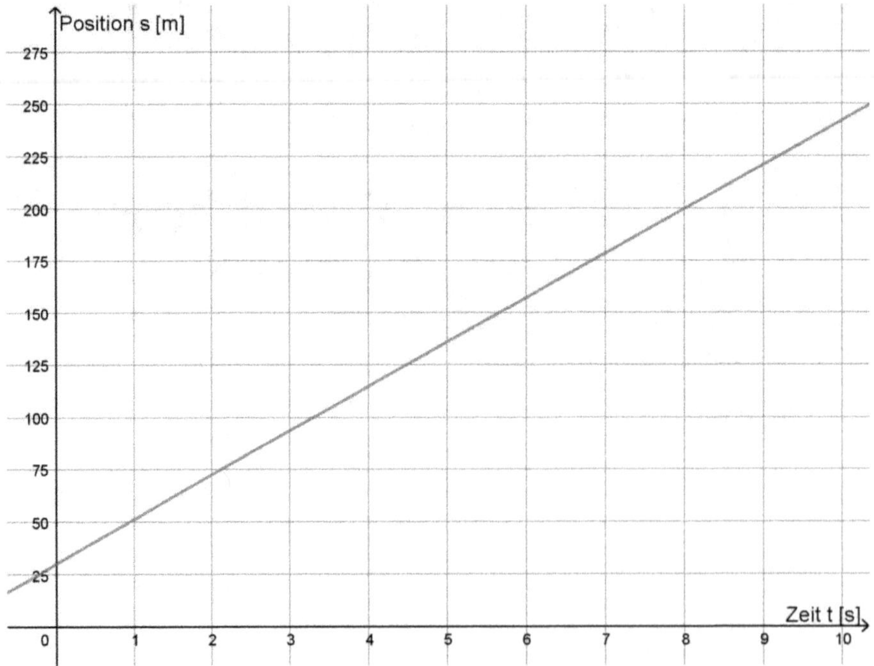

Die **Differentialrechnung** studiert die Steigung von Funktionen. Wir kennen die Steigung von linearen Funktionen bereits. In der Physik hat die Steigung im Ort-Zeit-Diagramm eine wichtige Bedeutung. Es handelt sich um die Geschwindigkeit.

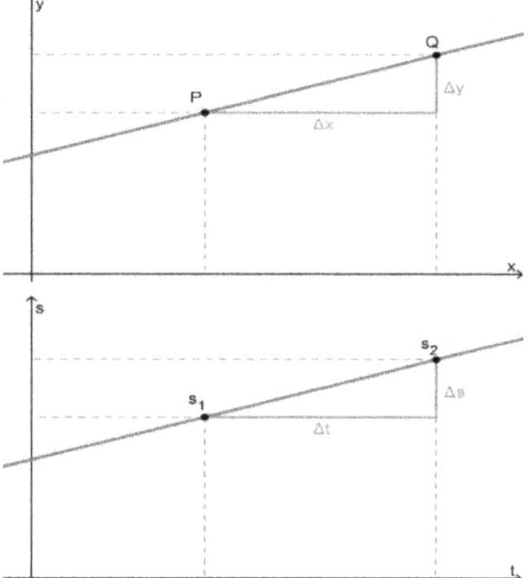

Pro memoria: Die **Steigung m** einer Geraden wird gemessen, indem die Differenz Δy der y-Koordinaten zweier Punkte auf der Geraden durch die Differenz Δx der x-Koordinaten dividiert wird:

$$m = \frac{\Delta y}{\Delta x}$$

Pro memoria: Bei der gleichförmigen Bewegung werden in gleichen Zeiteinheiten die gleichen Strecken zurückgelegt. Die **Geschwindigkeit v** entspricht der Steigung der Kurve und ist

$$v = \frac{\Delta s}{\Delta t}$$

Aufgabe 2: Eine Rangierlokomotive fährt auf einer geradlinigen Strecke vor- und rückwärts. Das Weg-Zeit-Diagramm der Bewegung der Lokomotive ist auf den nächsten Seiten abgebildet. Auf der horizontalen Achse ist die Zeit in Sekunden dargestellt. Auf der vertikalen Achse ist der Abstand in Metern vom Stellwerk, das neben der Strecke steht, angegeben. Im Diagramm ist ersichtlich, dass die Lokomotive beim Stellwerk startet: zur Zeit $t = 0$ ist der Abstand vom Stellwerk $s = 0$.

a) Wo befindet sich die Lok nach 23 s, 30 s und nach 70 s?

b) Wo ist die Lok schnell, wo ist sie langsam? Ruht sie an gewissen Stellen?

c) In welchen Zeitintervallen fährt die Lokomotive rückwärts?

d) Welche mittlere Geschwindigkeit hat die Lokomotive in den ersten 23 Sekunden, in den ersten 30 Sekunden und in den ersten 70 Sekunden?

e) Welche momentane Geschwindigkeit hat die Lok zur Zeit $t = 23$ s, zur Zeit $t = 30$ s und zur Zeit $t = 70$ s? Welches Vorzeichen hat die Geschwindigkeit und was bedeutet das Vorzeichen?

f) Die vier kleinen Graphiken auf der nächsten Seite stellen Vergrösserungen des Weg-Zeit-Diagramms der Lokomotive dar. Zeichne in den vier Figuren den Punkt ein, durch den die Lokomotive zur Zeit $t = 70$ s geht. Die Kurve nähert sich einer Geraden an. Versuche möglichst genau abzulesen, an welcher Stelle sich die Lokomotive zu dieser Zeit befindet und wie schnell sie sich bewegt.

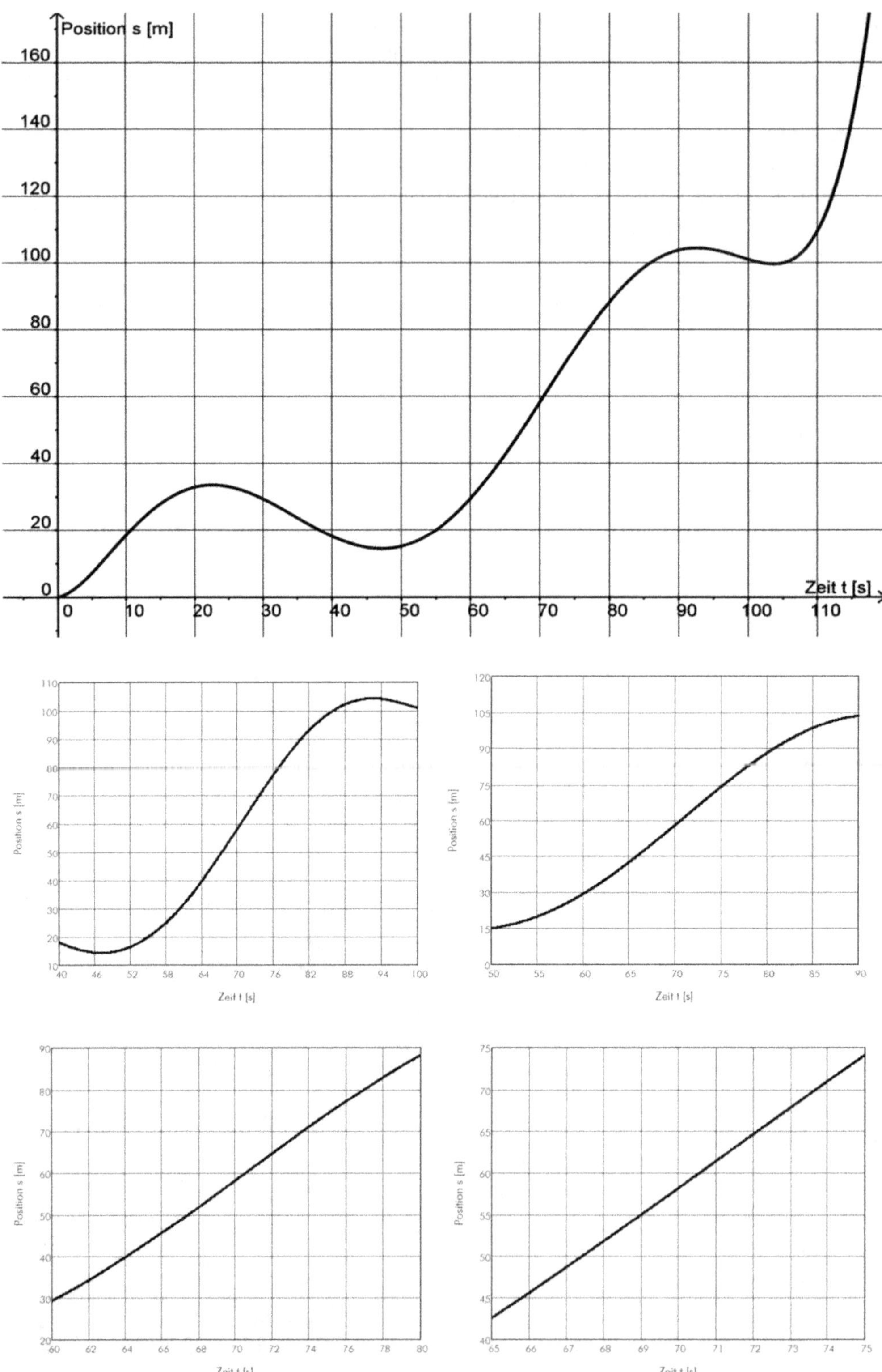

Steigung einer beliebigen Funktion: Wir haben bis jetzt die Steigung nur für ...*lineare*... Funktionen definiert. Bei genügender Vergrösserung erhalten wir jedoch bei jeder Kurve eine ...*Gerade*... Linie, von der wir die Steigung bestimmen können. Die Steigung der Kurve im Punkt P ist gleich der Steigung der ...*Tangente*... an die Kurve in P.

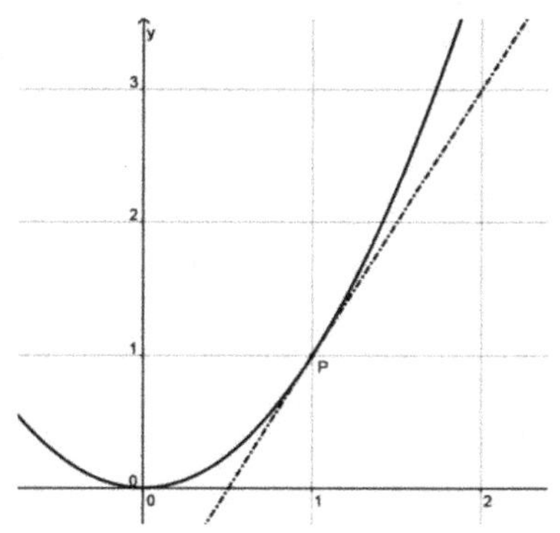

Aufgabe 3: Tangenten an Graphen.

a) Das Diagramm zeigt den Graphen der Funktion $y = \sqrt{1 - x^2}$. Lege an der Stelle $x = 0.5$ so gut es geht eine Tangente an den Graphen und bestimme die Steigung der Funktion an dieser Stelle.

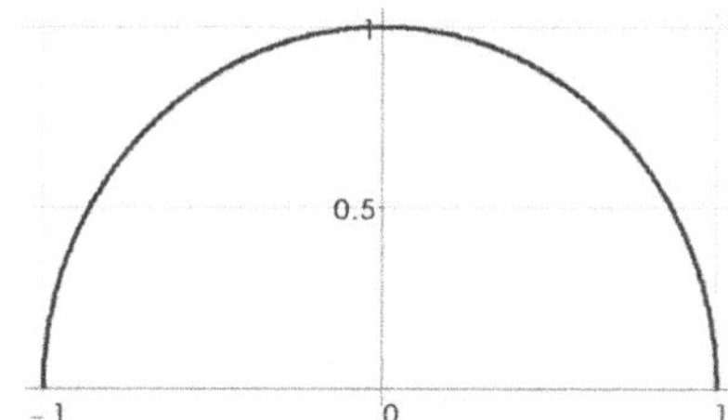

b) Bestimme die Steigung von $y = 2^x$ an der Stelle $x = 1$.

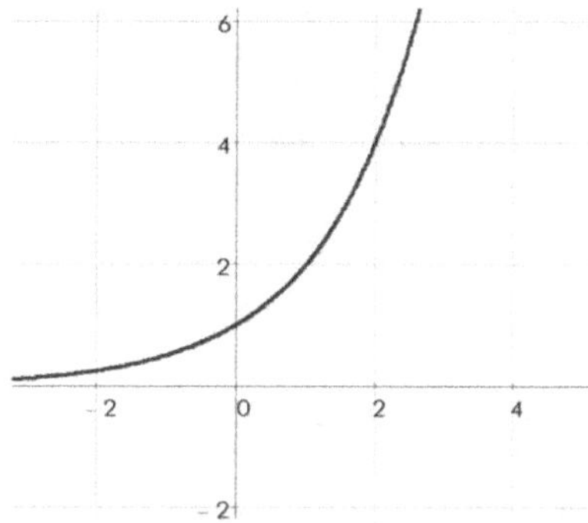

c) Bestimme die Steigung von $y = |x - 1| + 1$ an der Stelle $x = 1$.

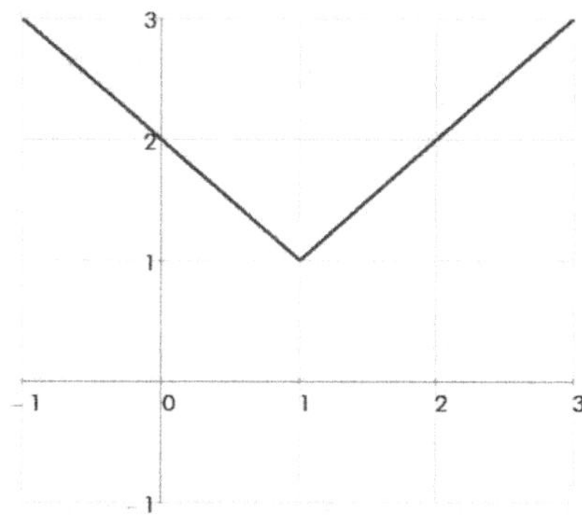

Differenzierbarkeit: Lässt sich in einem Punkt eines Graphen die Tangente nicht festlegen, so ist dort die Steigung nicht definiert, z.B. wenn sich die Steigung sprunghaft ändert, die Kurve also einen ..*Knick*.. hat. Ist die Steigung an einer Stelle nicht definiert, so heisst die Funktion an dieser Stelle nicht *differenzier-bar*... Lässt sich die *Steigung*.......... eindeutig festlegen, so ist die Funktion differenzierbar.

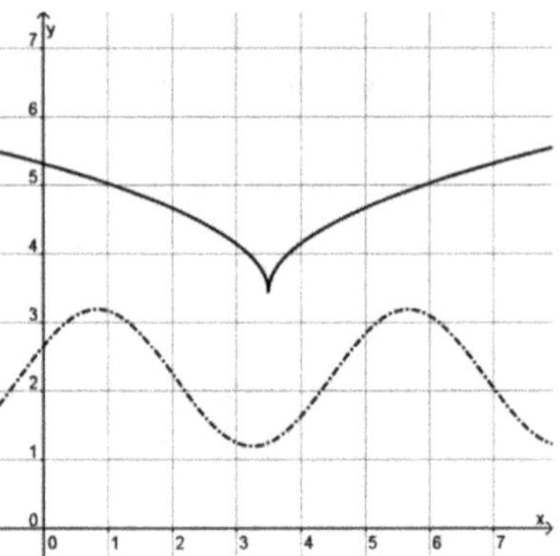

Aufgabe 4: Wir betrachten noch einmal das Ort-Zeit-Diagramm der Rangierlokomotive.

a) Ist diese Funktion überall differenzierbar, d.h. ist die Steigung überall festgelegt?

b) Zeichne ein Diagramm mit der Steigung des Ort-Zeit-Diagramm auf der vertikalen Achse und der Zeit auf der horizontalen Achse. Als Hilfe sind in der nebenstehenden Tabelle einige Steigungen des Ort-Zeit-Diagramms angegeben.

c) Dieser Steigungsgraph schneidet zwischen $t = 10$ s und $t = 120$ s mehrmals die t-Achse. Wie oft? Kann man diese Frage auch direkt aus dem Ort-Zeit-Diagramm ablesen?

d) Was ist die „physikalische" Bedeutung des Steigungsgraphen?

Zeit t	Steigung
0	0.5
10	2.2
20	0.5
30	−1
40	−0.9
50	0.5
60	2.3
70	3.2
80	2.5
90	0.5
100	−0.6
110	3.8
120	21.5

Ableitungsfunktion: Zu einer Funktion f lässt sich eine weitere Funktion betrachten, die zu jedem Punkt die Steigung angibt. Sie heisst ....*Steigungs-*.. oder .....*Ableitungs*....funktion.

Die Ableitung der Funktion f wird mit ..f'..

(„f Strich") bezeichnet.

Die Steigungsfunktion des Ort-Zeit-Diagramms ist das ..*Geschwindigkeit*.....-Zeit-Diagramm.

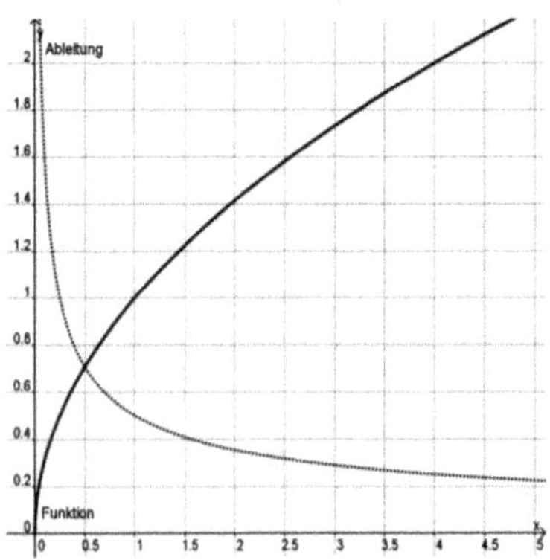

Aufgabe 5: Die oberen sechs Graphen (grosse Buchstaben) zeigen sechs Funktionen f. Die unteren sechs Diagramme (kleine Buchstaben) zeigen die Steigungsgraphen f'.

Welche Funktion f gehört zu welcher Ableitung f'?

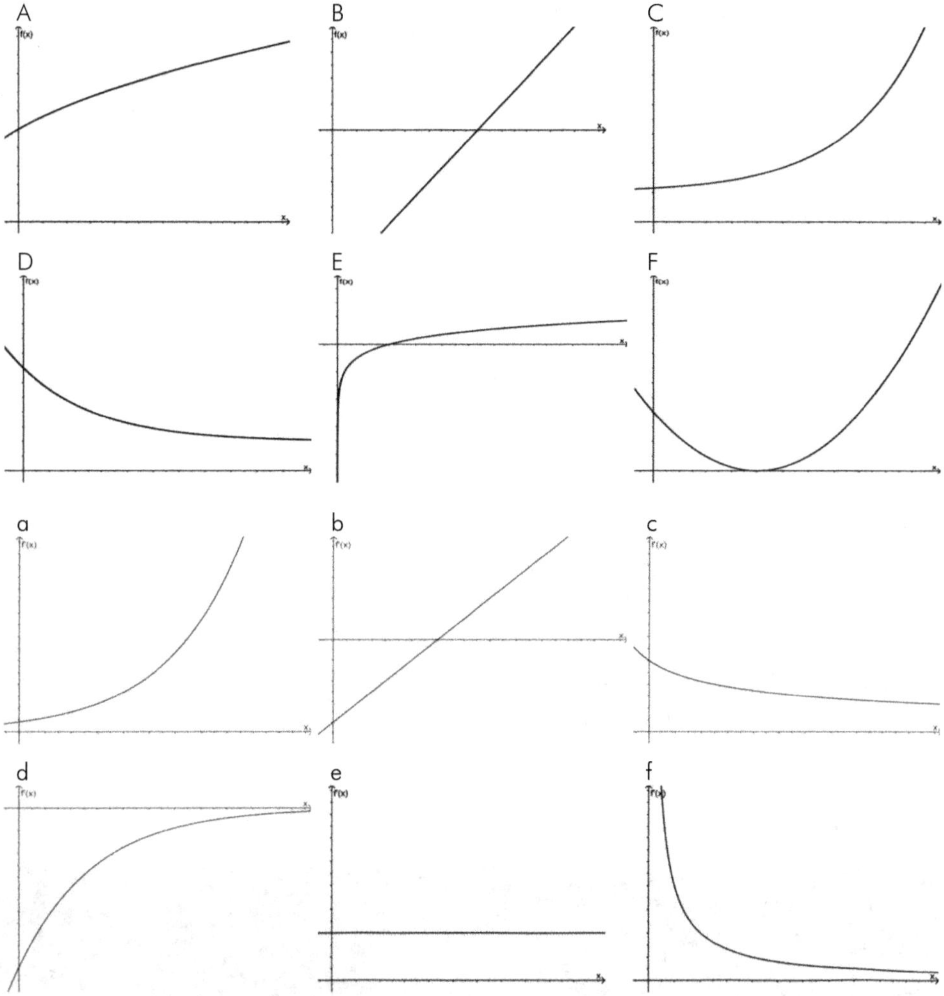

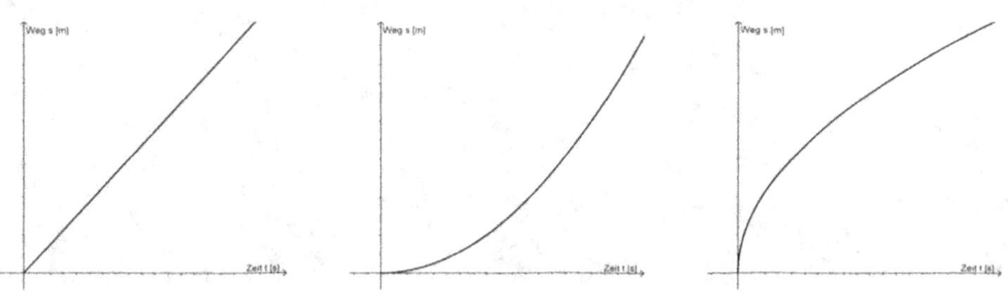

Aufgabe 6: Hier sind drei Weg-Zeit-Diagramme dargestellt. Eines davon könnte die Bewegung eines Autos, das bei einer Ampel anfährt, beschreiben. Die Ampel befindet sich bei s = 0 und schaltet zur Zeit t = 0 auf grün. Welches Diagramm ist gemeint? Zeichne zu jedem Diagramm das Geschwindigkeit-Zeit-Diagramm.

Aufgabe 7: Nebenstehend ist der Graph einer Funktion f(x) skizziert. Skizziere in das untere Koordinatensystem den Steigungsgraphen f′(x), welcher zur Funktion f(x) gehört.

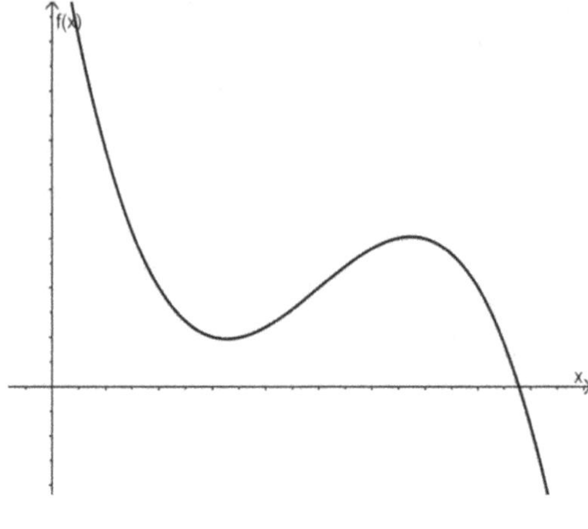

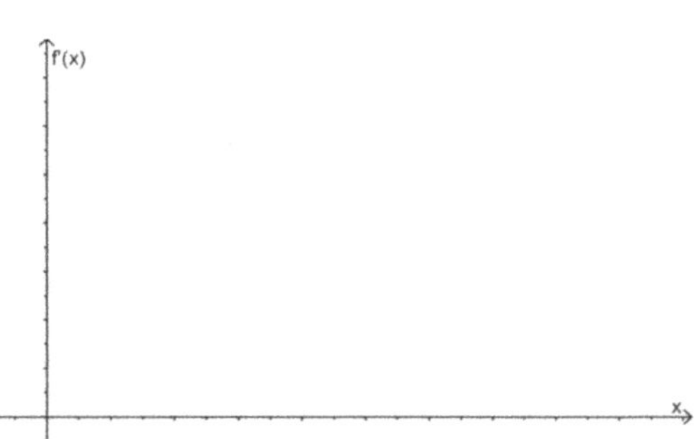

Aufgabe 8: Ein Ball wird fallen gelassen.
a) An welchen Stellen hat er die Geschwindigkeit 0?
b) Welche Geschwindigkeit hat der Ball genau beim Aufprall auf dem Boden?

2. Der Differenzenquotient

Aufgabe 9: Wir wollen nun die Steigung nicht nur aus der Graphik herauslesen, sondern näherungsweise berechnen. Dazu betrachten wir die Funktion $f(x) = \sqrt{x}$:

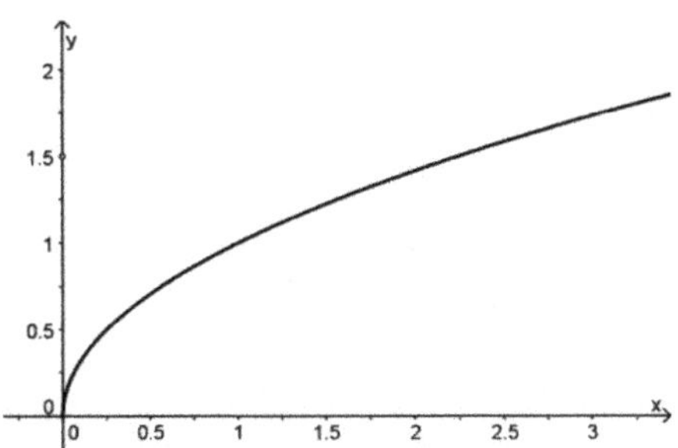

Wir wollen die Steigung an der Stelle $x = 0.25$ bestimmen.

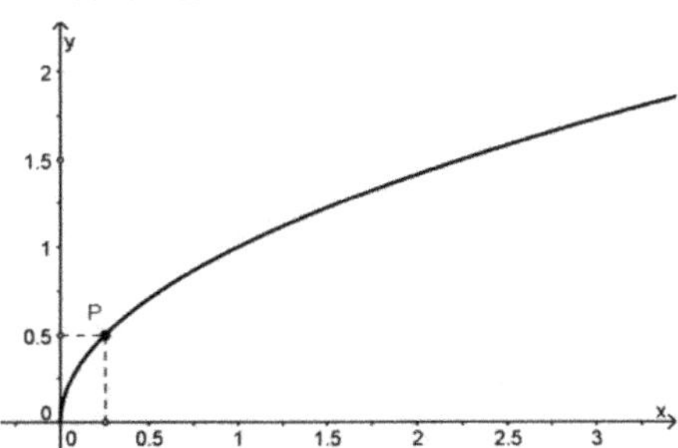

Nun wählen rechts von der Stelle x eine zweite Stelle auf der x-Achse. Als Beispiel wählen wir die zweite Stelle 2 Einheiten weiter rechts, also bei $0.25 + 2 = 2.25$.

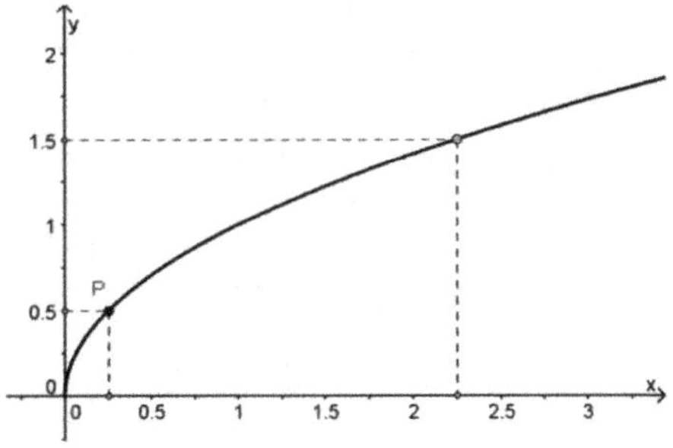

Wir legen nun eine Gerade durch die zwei Punkte.

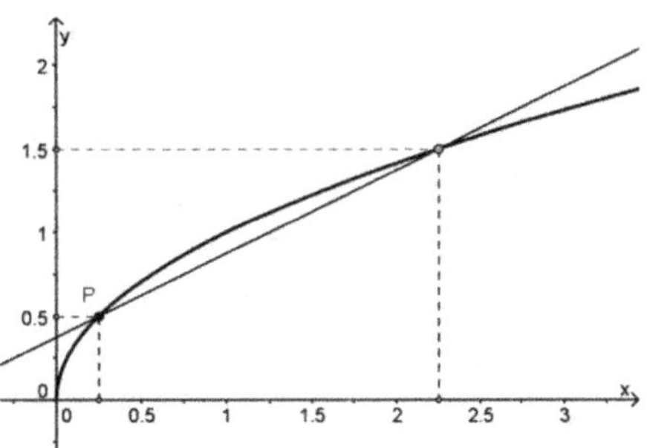

Diese Sekante hat ungefähr dieselbe Steigung wie die Tangente im Punkt P.

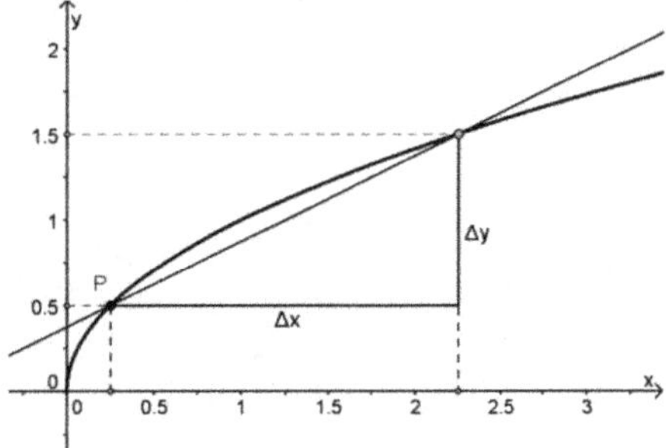

a) Berechne den Funktionswert an der Stelle $x = 0.25$.

b) Berechne den Funktionswert an der zweiten Stelle 2.25.

c) Bestimme Δx und Δy.

d) Berechne die Steigung der Sekante durch die beiden Punkte. Dies ist eine Näherung für die Steigung im Punkt P.

Aufgabe 10: In der vorhergehenden Aufgabe hast Du die Steigung der Funktion $f(x) = \sqrt{x}$ an der Stelle $x = 0.25$ mit einer Sekante angenähert. Wir haben eine Steigung von 0.5 gefunden. Wir wollen nun die Steigung genauer berechnen.:

Wir haben neben dem Punkt P(0.25 | 0.5) einen zweiten Punkt 2 Einheiten rechts von P gewählt:

Abstand h = 0.25

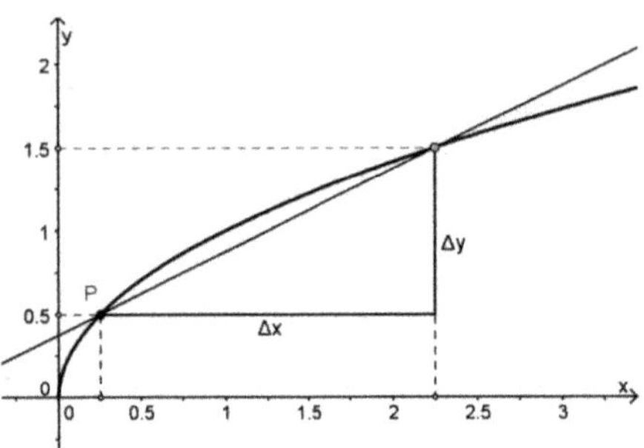

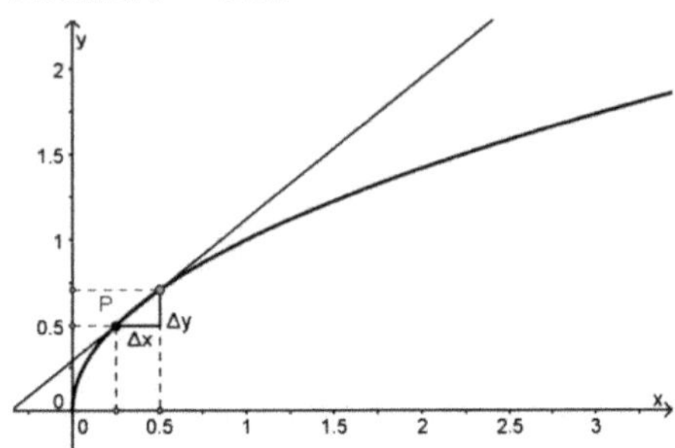

Wir wählen nun dieses Intervall h immer kleiner. In dieser Figur liegt der zweite Punkt nur noch 1 Einheit (h = 1) rechts von der Stelle $x = 0.25$.

h = 0.05

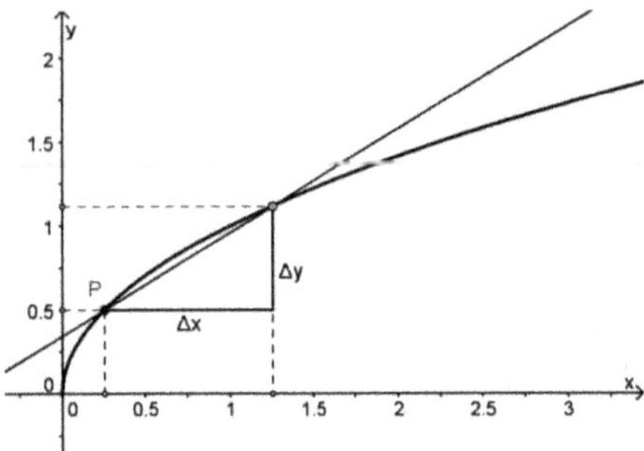

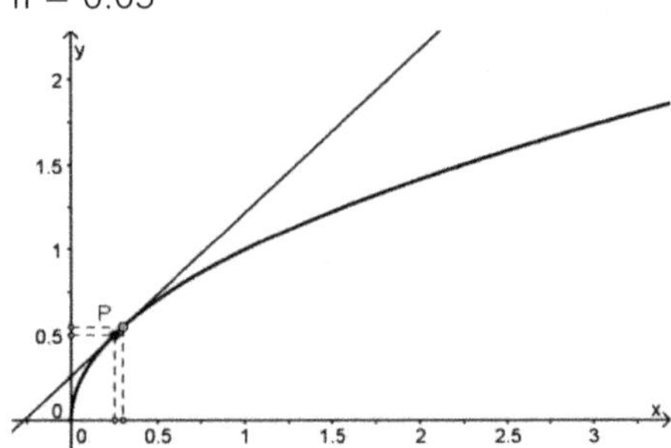

Und noch kleiner: Der Abstand h beträgt noch 0.5.

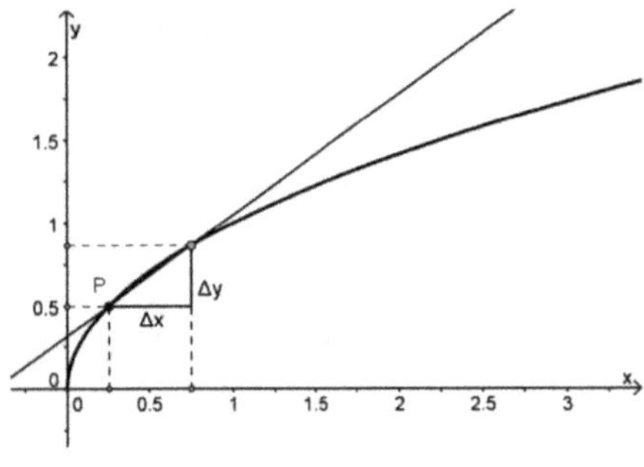

a) Berechnen die Steigung der Sekante in den abgebildeten Situationen. Das heisst für h = 1, 0.5, 0.25 und 0.05.

b) Betrachte noch einmal die Figuren. Wie verhält sich die Steigung der Sekante im Vergleich zur Steigung der Tangente, wenn h immer kleiner wird?

c) Was denkst Du welchen Wert die Steigung annimmt, wenn h noch kleiner gewählt wird? Berechne, um dies herauszufinden, die Steigung auch noch für h = 0.0001 und für $h = 10^{-12}$. Welchen exakten Wert könnte die Steigung der Tangente haben?

Aufgabe 11: Berechne die Steigung der Funktion $f(x) = \sqrt{x}$ an der Stelle $x = 1$.

Wähle dazu einen geeigneten Wert für h. Was könnte der exakte Wert der Steigung an der Stelle $x = 1$ sein?

Differenzenquotient

Die Steigung der Sekante an der Stelle x im Intervall h heisst

$$\frac{\Delta y}{\Delta x} = \frac{f(x+h) - f(x)}{h}$$

Der Differenzenquotient ist eine Näherung
für die Steigung f'(x):

$$f'(x) \approx \frac{f(x+h) - f(x)}{h}$$

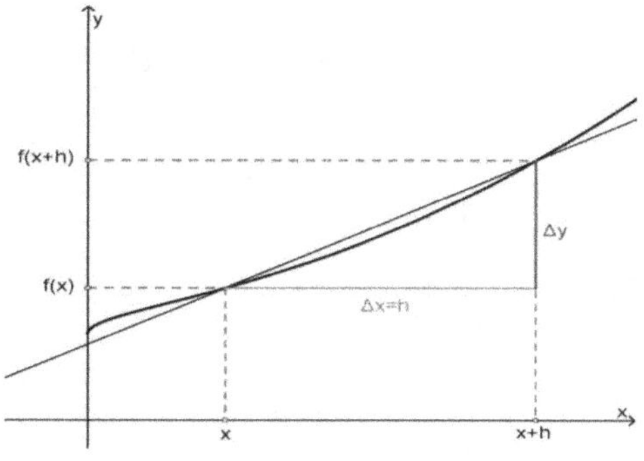

Je ...**kleiner**...... h gewählt wird, desto genauer ist die Näherung für f'(x).

Aufgabe 12: Berechne einen Näherungswert der Steigung der folgenden Funktionen an der Stelle
x = 1. Benutze dazu den Differenzenquotienten und wähle selber einen geeigneten Wert für h.

a) $f(x) = \sqrt{x} = x^{1/2}$ b) $f(x) = x^2$

c) $f(x) = x^5$ d) $f(x) = \dfrac{1}{x^2} = x^{-2}$

Die Aufgabenstellung der Differentialrechnung bildete sich als Tangentenproblem ab dem
17. Jahrhundert heraus. Ende des 17. Jahrhunderts gelang es Isaac Newton und Gottfried
Wilhelm Leibniz mit unterschiedlichen Ansätzen unabhängig voneinander, widerspruchsfrei
funktionierende Kalküle zu entwickeln. Während Newton das Problem physikalisch über das
Momentangeschwindigkeitsproblem anging, löste es Leibniz geometrisch über das Tangentenproblem. Ihre Arbeiten erlaubten das Abstrahieren von rein geometrischer Vorstellung und werden
deshalb als Beginn der Analysis betrachtet.

Sir Isaac Newton (*1643 – †1727)

Gottfried Leibniz (*1646 – †1716)

3. Der Differentialquotient

Wir möchten nun die Steigung mathematisch genau berechnen.

Differentialquotient: Die mathematisch genaue Steigung der Funktion f(x) an der Stelle x erhalten

wir, wenn wir im Differenzenquotienten die Breite h gegen ...Null... gehen lassen:

$$f'(x) = \lim_{h \to 0} \frac{f(x+h) - f(x)}{h}$$ (lies „f Strich")

Wir schreiben auch

$$\frac{dy}{dx} = \lim_{h \to 0} \frac{f(x+h) - f(x)}{h}$$ (lies „d y nach d x)

Diesen Grenzwert nennen wir ...Differentialquotient...

Aufgabe 13: Wir betrachten noch einmal die Funktion f(x) = x^2.
  a) Berechne die Steigung der Funktion an der Stelle x = 1 mathematisch exakt.
  b) Kannst Du die Steigung ganz allgemein an der Stelle x berechnen? Du findest so nicht nur
     die Steigung in einem Punkt, sondern die ganze Steigungsfunktion f'(x).
  c) Mithilfe des Ergebnisses aus der Teilaufgabe c) kannst Du die Steigung an einer beliebigen
     Stelle der Funktion f(x) = x^2 bestimmen. Welche Steigung hat die Funktion an der Stelle
     x = 5?
  d) Skizziere die Funktion f(x) und die Ableitungsfunktion f'(x). Erscheint Dir das Resultat
     sinnvoll, d.h. überlege dir, ob diese Funktion tatsächlich die Steigungsfunktion f'(x) von der
     Funktion f(x) sein könnte.

Aufgabe 14: Berechne die Steigungsfunktion f'(x) mit dem Differentialquotienten der Funktion
     f(x) = 3x – 2. Skizziere f(x) und f'(x).

Aufgabe 15: Berechne auch die Steigungsfunktion von f(x) = 5 und skizziere f(x) und f'(x). Was ist
     wohl die Ableitung von f(x) = c, wobei c irgendeine reelle Zahl ist (c $\in \mathbb{R}$)?

Aufgabe 16: Berechne die Ableitungsfunktion f'(x) auch für f(x) = x^3.

Aufgabe 17: Berechne f'(x) für f(x) = x^4 und f(x) = x.

Aufgabe 18: Bei den vorangehenden Aufgaben hast Du die die Ableitungsfunktionen der
     Funktionen f(x) = x^1, f(x) = x^2, f(x) = x^3 und f(x) = x^4 gefunden. Was vermutest Du ist die
     Ableitung von f(x) = x^{12}? Was ergibt wohl die Ableitung von f(x) = x^r?

Potenzfunktionen: Für die Ableitung von beliebigen Potenzfunktionen gilt:

$$\left(x^r\right)' = ...r \cdot x^{r-1}...$$

Aufgabe 19: Berechne die Ableitung von $f(x) = 3x^2 - 5x + 12$ mit der Ableitungsregel für Potenzfunktionen.

Aufgabe 20: Nun ist die Ableitung $f'(x)$ einer Funktion bekannt. Überlege, wie die Funktion $f(x)$ aussieht, und überprüfe Deine Überlegung mithilfe des Differentialquotienten.

  a) $f'(x) = 4$
  b) $f'(x) = 6 \cdot x$
  c) $f'(x) = 12 \cdot x^2 + 2 \cdot x - 7$

Aufgabe 21: Berechne die Ableitung von den folgenden Funktionen mit dem Differentialquotienten:

  a) $f(x) = \dfrac{1}{x}$ (Tipp: h kann gekürzt werden)

  b) $f(x) = \dfrac{1}{1+x}$

  c) $f(x) = \dfrac{x+1}{x-1}$

  d) $f(x) = \sqrt{x}$ (Tipp: Erweitere mit $\left(\sqrt{x+h} + \sqrt{x}\right)$)

  e) $f(x) = \dfrac{2}{\sqrt{x}}$

  f) $f(x) = 2 \cdot \sqrt{x} + \dfrac{4}{\sqrt{x}}$

Lösungen

1. a) links: $m_f = 1$ $m_g = 2$ $m_h = 0.5$ $m_k = 0.25$

       rechts: $m_f = \frac{3}{4}$ $m_g = -\frac{2}{3}$ $m_h = 0$

   b) steiler, steigend, fallend, konstant

   c) $v = 21.2$ m/s

2. a) $s(23\,\text{s}) \approx 33$ m

       $s(30\,\text{s}) \approx 29$ m

       $s(70\,\text{s}) \approx 58$ m

   b) langsam ($v < 1$ m/s)   0 s bis 1 s   Ruhe ($v = 0$)   0 s

       schnell ($v > 1$ m/s)   1 s bis 17 s

       langsam ($v < 1$ m/s)   17 s bis 30 s   Ruhe ($v = 0$)   23 s

       schnell ($v > 1$ m/s)   30 s bis 39 s

       langsam ($v < 1$ m/s)   39 s bis 52 s   Ruhe ($v = 0$)   47 s

       schnell ($v > 1$ m/s)   52 s bis 87 s

       langsam ($v < 1$ m/s)   87 s bis 106 s   Ruhe ($v = 0$)   93 s, 103 s

       schnell ($v > 1$ m/s)   106 s bis …

   c) vorwärts   0 s bis 23 s   rückwärts   23 s bis 47 s

       vorwärts   47 s bis 93 s   rückwärts   93 s bis 104 s

       vorwärts   104 s bis …

   d) $\bar{v}(23\,\text{s}) = 1.5\,\frac{m}{s}$

       $\bar{v}(30\,\text{s}) = 1.0\,\frac{m}{s}$

       $\bar{v}(70\,\text{s}) = 0.8\,\frac{m}{s}$

   e) $v(23\,\text{s}) \approx 0.0\,\frac{m}{s}$ Die Lokomotive ruht (fast).

       $v(30\,\text{s}) \approx -1.0\,\frac{m}{s}$ Das Vorzeichen ist negativ, d.h. die Lokomotive fährt rückwärts.

       $v(70\,\text{s}) \approx 3.2\,\frac{m}{s}$ Das Vorzeichen ist positiv, d.h. die Lokomotive fährt vorwärts.

   f) $s(70\,\text{s}) \approx 58.18\,\text{m}$

       $v(70\,\text{s}) \approx 3.222\,\frac{m}{s}$

3. a) $m = -0.575$

   b) $m = 1.386$

   c) m ist an der Stelle $x = 1$ nicht definiert

4. a) ja

   b) siehe nebenstehenden Figur

   d) viermal

       Der Steigungsgraph schneidet die t-Achse immer dann, wenn der Graph ein Maximum oder ein Minimum hat. Dort ruht die Lokomotive. Das geschieht im Intervall von 10 s bis 120 s viermal.

   d) Geschwindigkeit-Zeit-Diagramm

5.   A – c   B – e   C – a   D – d   E – f   F – b

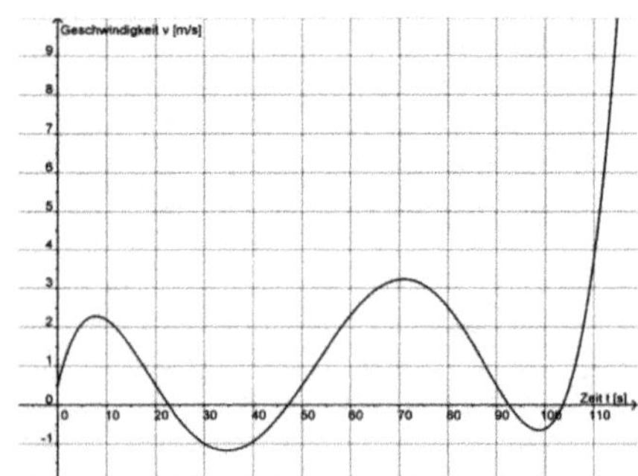

---

6. Das mittlere Diagramm ist gemeint. Die Geschwindigkeit des Autos ist am Anfang Null und nimmt dann zu, es
    beschleunigt.

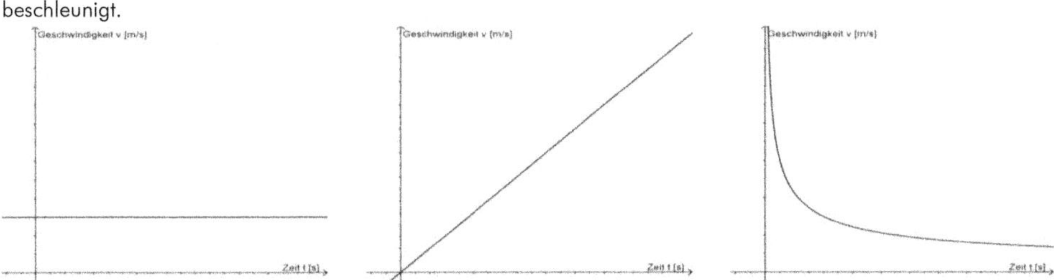

7. siehe nebenstehende Abbildung

8. a) jeweils an der höchsten Stelle der Bahn

    b) physikalisch: Der Ball erfährt eine grosse Beschleunigung
        und ändert seine Geschwindigkeit in kurzer Zeit von einem
        negativen zu einem positiven Wert. Dabei hat er für kurz
        Zeit die Geschwindigkeit 0.
        mathematisch: Das einfachste mathematische Modell
        beschreibt den Aufprallprozess nicht im Detail. Der Ball
        wechselt in beliebig kurzer Zeit seine Geschwindigkeit. Die
        Funktion ist an den Stellen des Aufpralls nicht
        differenzierbar, d.h. die Geschwindigkeit ist nicht definiert.

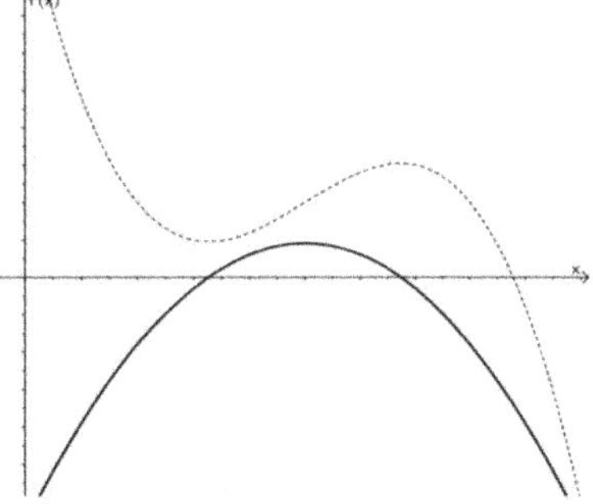

9. a) $f(0.25) = 0.5$ b) $f(2.25) = 1.5$

    c) $\Delta x = 2,\ \Delta y = 1$ d) $m = {}^{\Delta y}\!/_{\Delta x} = \tfrac{1}{2} = 0.5$

10. a) $h = 2$ $m = 0.5$

        $h = 1$ $m = 0.6180\ldots$

        $h = 0.5$ $m = 0.7321\ldots$

        $h = 0.25$ $m = 0.8284\ldots$

        $h = 0.05$ $m = 0.9545\ldots$

    b) Die Steigung der Sekante nähert sich immer mehr der Steigung der Tangente an.

    c) $h = 0.0001$ $m = 0.9999\ldots$

        $h = 10^{-12}$ Der Rechner stösst an seine Grenzen und liefert deshalb den falschen Wert 0.

        $h \rightarrow 0$ $m = 1$

11. $h = 0.001$ $m = 0.4999\ldots$

    $h \rightarrow 0$ $m = 0.5$

12. a) $f'(1) = 0.5$ b) $f'(1) = 2$

    c) $f'(1) = 5$ d) $f'(1) = -2$

13. a) $f'(1) = 2$ b) $f'(x) = 2x$

    da $f'(x) = \lim_{h \to 0} \dfrac{f(x+h) - f(x)}{h} = \lim_{h \to 0} \dfrac{(x+h)^2 - x^2}{h} = \lim_{h \to 0} \dfrac{x^2 + 2xh + h^2 - x^2}{h} = \lim_{h \to 0} \dfrac{2xh + h^2}{h} = \lim_{h \to 0}(2x + h) = 2x$

    c) $f'(5) = 2 \cdot 5 = 10$

    d) $f(x) = x^2$ $f'(x) = 2x$

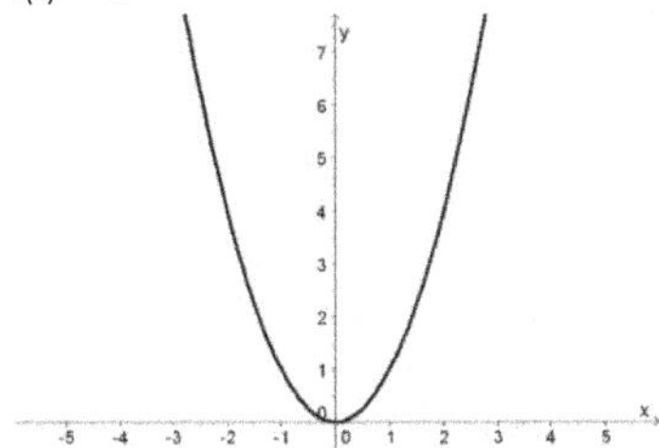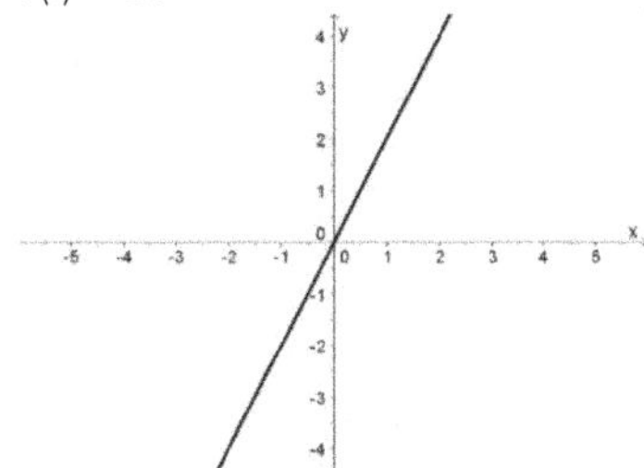

14. $f(x) = 3x - 2$ $\qquad\qquad$ $f'(x) = 3$

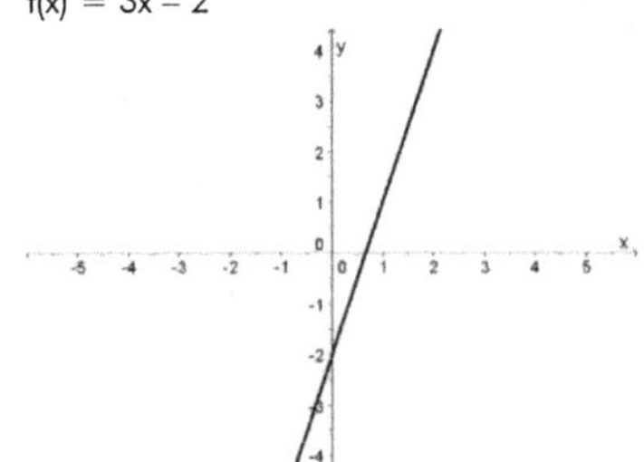 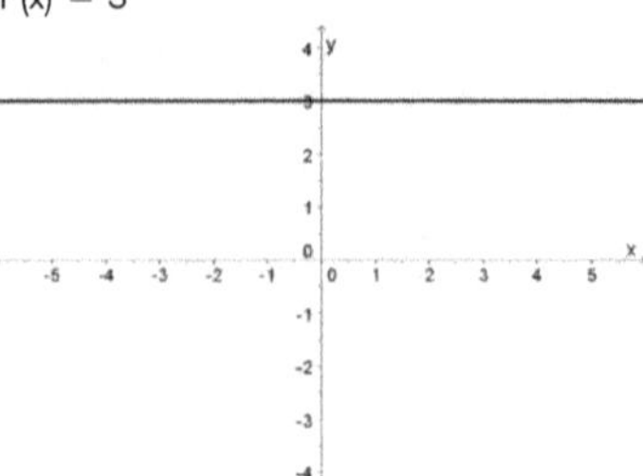

15. $f(x) = 5$ $\qquad\qquad\qquad$ $f'(x) = 0$

$\quad\;\; f(x) = c$ $\qquad\qquad\qquad$ $f'(x) = 0$

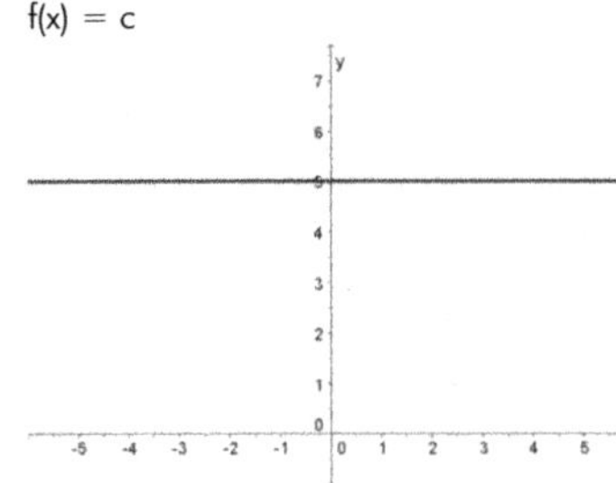 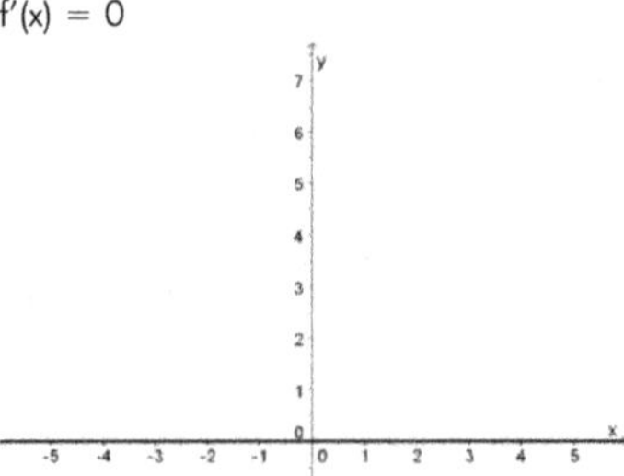

16. $f(x) = x^3 \to f'(x) = 3x^2$

17. $f(x) = x^4 \to f'(x) = 4x^3$

$\quad\;\; f(x) = x = x^1 \to f'(x) = 1 = x^0$

18. $f(x) = x^{12} \to f'(x) = 12x^{11}$

$\quad\;\; f(x) = x^r \to f'(x) = r \cdot x^{r-1}$

19. $f'(x) = 6x - 5$

20. a) $\quad f(x) = 4 \cdot x + c$ $\qquad\qquad$ b) $\quad f(x) = 3 \cdot x^2 + c$

$\quad$ c) $\quad f(x) = 4 \cdot x^3 + x^2 - 7x + c$

21. a) $\quad f'(x) = \dfrac{1}{x^2}$ $\qquad\qquad$ b) $\quad f'(x) = \dfrac{-1}{(x+1)^2}$

$\quad$ c) $\quad f'(x) = \dfrac{-2}{(x-1)^2}$ $\qquad\qquad$ d) $\quad f'(x) = \dfrac{1}{2\sqrt{x}}$

$\quad$ e) $\quad f'(x) = \dfrac{-1}{\sqrt{x}^3}$ $\qquad\qquad$ f) $\quad f'(x) = \dfrac{x-2}{\sqrt{x}^3}$

Bildquellen

Seite 1 $\quad$ „Frontier" von OLCF at ORNL via Wikimedia Commons (Creative Commons BY-SA 2.0)

Seite 3 $\quad$ „Güterbahnhof" von Jack Delano via Wikimedia Commons (Public Domain)

Seite 8 $\quad$ „Ball" von Michael Maggs Edit by Richard Bart via Wikimedia Commons (Creative Commons BY-SA 3.0)

Seite 11 $\quad$ „Isaac Newton" von Godfrey Kneller via Wikimedia Commons (Public Domain)

$\qquad\qquad$ „Gottfried Wilhelm Leibniz" von Christoph Bernhard Francke via Wikimedia Commons (Public Domain)

Alle restlichen Grafiken von Christian Wyss (Creative Commons BY-SA 4.0)

Die Creative Commons Lizenzen sind unter https://creativecommons.org/ erhältlich.

Das vorliegende Skript wurde von Dr. Christian Wyss erstellt und ist unter www.mathema.ch zu beziehen.

Analysis
Differentialrechnung II

Symmetrien in der Ebene wurden über Jahrtausende hinweg in Kunstwerken wie Teppichen, Gittern, Textilien und Kacheln geschickt eingesetzt. Insbesondere in der islamischen Kunst finden sich Symmetrien in vielen ihrer künstlerischen Ausdrucksformen, wobei die faszinierenden Girih-Kacheln eine besondere Rolle spielen. Ein beeindruckendes Beispiel hierfür ist die Decke des Grabes von Hafis (1325–1390) – einem der bekanntesten persischen Dichter und Mystiker – in Schiras, Iran.

1. Ableitung elementarer Funktionen

Aufgabe 1: Hier sind einige Funktionsvorschriften f(x) und die dazu gehörigen Funktionsgraphen dargestellt (linke Spalte). Auch sind Ableitungsfunktionen f′(x) und die dazu gehörigen Steigungsgraphen gezeichnet (rechte Spalte). Welche Funktion gehört zu welcher Ableitung? Entschiede Dich aufgrund der abgebildeten Graphen.

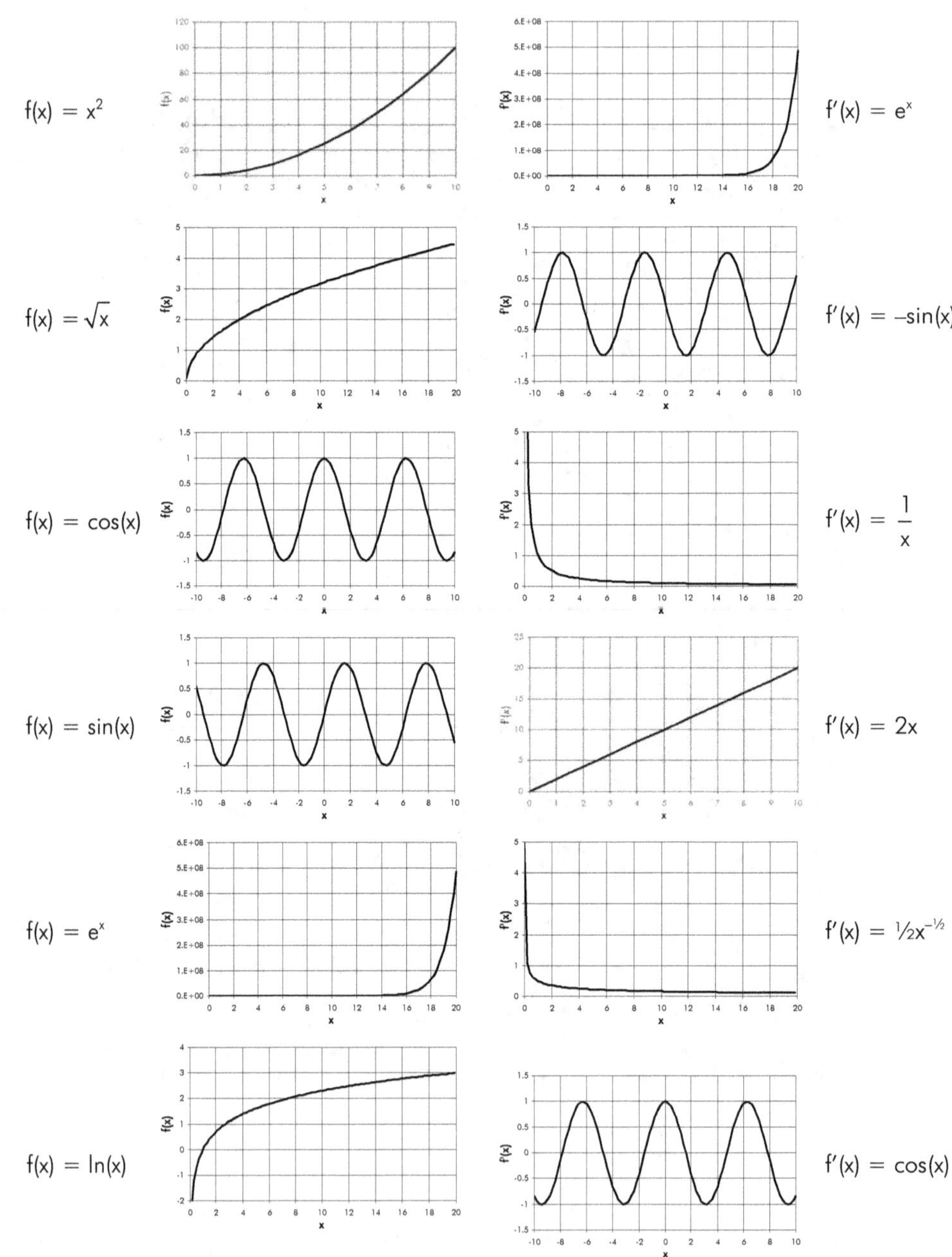

Aufgabe 2: Diese Tabelle ist leider völlig durcheinandergeraten. Es fehlen sogar einige Einträge. Versuche die Tabelle zu berichtigen und die fehlenden Einträge zu ergänzen. Die untere Tabelle kannst Du benutzen, um die richtige Tabelle sauber darzustellen. Streiche am Ende die falsche Tabelle deutlich durch.

Funktion $f(x)$	Ableitung $f'(x)$	Funktion $f(x)$	Ableitung $f'(x)$
c	$\ln(a)\cdot a^x$	$\sin(x)$	$\frac{1}{x}$ $\quad$ $(x > 0)$
x	e^x	$\cos(x)$	$c\cdot e^{c\cdot x}$
$c\cdot x$		e^x	$\frac{1}{\ln(a)}\frac{1}{x}$ $\quad$ $(x > 0)$
x^2	$-\frac{1}{x^2}$	$e^{c\cdot x}$	
x^r	$\cos(x)$	a^x	
$\sqrt{x}$		$\ln(x)$	C
$\frac{1}{x}$	$-\sin(x)$	$\log_a(x)$	$\frac{1}{2\cdot\sqrt{x}}$

Funktion $f(x)$	Ableitung $f'(x)$	Funktion $f(x)$	Ableitung $f'(x)$
c	0	$\sin(x)$	$\cos(x)$
x	1	$\cos(x)$	$-\sin(x)$
$c\cdot x$	c	e^x	e^x
x^2	$2x$	$e^{c\cdot x}$	$c\cdot e^{c\cdot x}$
x^r	$r\,x^{r-1}$	a^x	$\ln(a)\,a^x$
$\sqrt{x}$	$\frac{1}{2\sqrt{x}}$	$\ln(x)$	$\frac{1}{x}$ $\quad$ $(x > 0)$
$\frac{1}{x}$	$-\frac{1}{x^2}$	$\log_a(x)$	$\frac{1}{\log a}\frac{1}{x}$ $\quad$ $(x > 0)$

Aufgabe 3: Leite die folgenden Funktionen ab:

a) $f(x) = x^{11}$ $\qquad$ b) $f(x) = 5\cdot x$ $\qquad$ c) $f(x) = \sqrt{x}$

d) $f(x) = \frac{1}{x^2}$ $\qquad$ e) $f(x) = -\pi$ $\qquad$ f) $f(x) = \cos(x)$

g) $f(x) = 2^x$ $\qquad$ h) $f(x) = e^{2x}$ $\qquad$ i) $f(x) = \log_e(x)$

Einige grundsätzliche Überlegungen

Aufgabe 4: Einige der Ableitungen in der Tabelle kennst Du bereits aus dem Skript *Analysis Differentialrechnung I*. Welche?

Aufgabe 5: Grundsätzlich brauchen wir zum Beweisen der Ableitungsregeln den Differentialquotienten. Leider ist dies in einigen Fällen recht schwierig. Für gewisse Regeln ist dies, wie Du im Skript *Analysis Differentialrechnung I* erfahren hast, jedoch für uns möglich. Beweise noch einmal die Ableitungsregeln für von $f(x) = c{\cdot}x$ und von $f(x) = x^2$ mit dem Differentialquotienten.

Aufgabe 6: Im Skript *Analysis Differentialrechnung I* haben wir eine Ableitungsregel für die Funktion $f(x) = x^r$ gefunden. Beweise damit die Regeln für die Funktionen $f(x) = \frac{1}{x}$ und $f(x) = \sqrt{x}$.

Aufgabe 7: Die Funktion $f(x) = x$ ist ein Spezialfall (mit $c = 1$) der Ableitungsregel für $f(x) = c{\cdot}x$. Es handelt sich aber auch um einen Spezialfall (mit $r = 1$) der Regel für $f(x) = x^r$. Leite $f(x) = x$ mit beiden Regeln ab.

Aufgabe 8: Die Funktion $f(x) = 1$ ist ein Spezialfall (mit $c = 1$) der Ableitungsregel für $f(x) = c$. Es handelt sich aber auch um einen Spezialfall (mit $r = 0$) der Ableitungsregel für die Funktion $f(x) = x^r$. Leite $f(x) = 1$ mit beiden Regeln ab.

Aufgabe 9: Zeige, dass a) aus der Ableitungsregel für $f(x) = e^{c{\cdot}x}$ die Ableitungsregel für $f(x) = a^x$ und b) aus der Ableitungsregel für $f(x) = a^x$ die Regel für $f(x) = e^x$ folgt.

2. Ableitungsregeln

Summen, Produkte und Quotienten

Mithilfe dieser Ableitungsregeln können Verknüpfungen von Funktionen abgeleitet werden:

Faktorregel: Ein konstanter Faktor bleibt bei der Ableitung erhalten:

$$\big[c \cdot u(x)\big]' = c \cdot u'(x)$$

Summenregel: Eine Summe von Funktionen darf man summandenweise differenzieren:

$$\big[u(x) + v(x)\big]' = u'(x) + v'(x)$$

Produktregel: Für Produkte gilt eine kompliziertere Regel:

$$\big[u(x) \cdot v(x)\big]' = u'(x)\,v(x) + u(x)\,v'(x)$$

Quotientenregel: Auch ein Bruch kann abgeleitet werden:

$$\left[\frac{u(x)}{v(x)}\right]' = \frac{u'(x)\,v(x) - u(x)\,v'(x)}{v(x)^2}$$

Aufgabe 10: Leite die folgenden Funktionen ab:

a) $f(x) = 7x^3$

b) $f(x) = x^2 + 5x - 7$

c) $f(x) = \sqrt{x} - \frac{1}{x}$

d) $f(x) = 7\cos(x) + 3x$

e) $f(x) = x^2 \cdot e^x$

f) $f(x) = x \cdot \ln(x)$

g) $f(x) = \dfrac{\sin(x)}{x}$

h) $f(x) = \dfrac{1}{\cos(x)}$

i) $f(x) = \dfrac{e^x}{x}$

Verkettung von Funktionen

Beispiel: Bei der Funktion $f(x) = \sin(x^2)$ muss das Argument x zuerst ...*quadriert*... und anschliessend vom Resultat den ...*Sinus*...-Wert bestimmt werden. Ein solches hintereinander Ausführen von Funktionen nennen wir eine ...*Verkettung*... von Funktionen. In diesem Beispiel werden die Funktionen $u(x) = \sin(x)$ mit $v(x) = $ ...x^2... verkettet.

Definition: Sind $u(x)$ und $v(x)$ zwei Funktionen, so heisst die Funktion $u(v(x))$ die **verkettete Funktion** von u und v. Konkret heisst dies, dass auf einem Wert x zuerst die Funktion u angewandt wird. Auf dem resultierenden Wert wird nun noch v angewandt.

Kettenregel: Eine Verkettung von Funktionen $u(v(x))$ wird nach der Regel „äussere Ableitung mal innere Ableitung" abgeleitet:

$$\big(u[v(x)]\big)' = u'\big[v(x)\big] \cdot v'(x)$$

Aufgabe 11: Leite die folgenden Funktionen ab:

a) $f(x) = \cos(x^3)$

b) $f(x) = e^{\cos(x)}$

c) $f(x) = \sqrt{x^2 + 1}$

Einige grundsätzliche Überlegungen

Aufgabe 12: Betrachten wir ein Beispiel für die Summenregel: Die Funktion $f(x) = x^2 + x$ ist ein Beispiel für die Summenregel, wobei $u(x) = x^2$ und $v(x) = x$ ist.
a) Skizziere die Funktion $f(x)$.
b) Überlege Dir ohne Rechnung, wie die abgeleitete Funktion $f'(x)$ aussieht und skizziere diese.
c) Berechne die Ableitung $f'(x)$ mithilfe der Summenregel.
d) Berechne mit dem Differentialquotienten die Ableitung $f'(x)$.
e) Stimmen die Ergebnisse aus b, c und d überein?
f) Zeige mithilfe des Differentialquotienten ganz allgemein, dass die Summenregel gilt.

Aufgabe 13: Bestimme die Ableitung von $f(x) = \sin(x) + c$. Was passiert beim Ableiten mit der additiven Konstante c? Weshalb ist dies so?

3. Viele Übungen

Potenzregel & Polynomfunktionen

Aufgabe 14: Ermittle die Ableitungen der folgenden Polynomfunktionen:

a) $f(x) = 3x + 4$

b) $f(x) = 12x - 2$

c) $f(x) = x^4$

d) $f(x) = 0$

e) $f(x) = x^{10}$

f) $f(x) = 3x^5$

g) $f(x) = 5x^{12}$

h) $f(x) = 10^6$

i) $f(x) = 0.5x^4$

j) $f(x) = x^6 : 9$

k) $f(x) = x^2 - 3x + 2$

l) $f(x) = -4x^2 + 5x - 1$

m) $f(x) = 3x^3 + 4x^2 - 5x$

n) $f(x) = x^4 - 6x^3 + 5x^2 + 10^3$

o) $f(x) = 2x^3 - 12x^2 + 7x - 8$

p) $f(x) = \frac{1}{2}x^4 + 4x^3 - 5x^2$

q) $f(x) = \frac{1}{6}x^3 - \frac{3}{4}x^2 + \frac{5}{2}x - \frac{1}{3}$

r) $f(x) = \frac{1}{5}x^{10} + \frac{4}{3}x^6 - \frac{5}{2}x^2$

s) $f(x) = x^{2n} + x^n$

Aufgabe 15: Ermittle die Ableitungen der folgenden Funktionen:

a) $f(x) = x^{100}$

b) $f(x) = 3x^7 + 11x^5 - 8x^3 - 7x + 9$

c) $f(x) = \frac{1}{12}x^4 + \frac{4}{5}x^3 - \frac{3}{4}x^2 - \frac{1}{8}x$

d) $f(x) = \frac{1}{x^3}$

e) $f(x) = \frac{3}{x^2}$

f) $f(x) = \frac{1}{2x^4}$

g) $f(x) = \frac{2}{3x^6}$

h) $f(x) = x^2 + \frac{2}{3}x - \frac{1}{6} - \frac{4}{x}$

i) $f(x) = \frac{3}{x^3} - \frac{2}{x^2} + \frac{1}{3x}$

j) $f(x) = \frac{1}{x^4} - \frac{6}{x^3} + \frac{12}{x^2} - \frac{8}{x} + 2$

k) $f(x) = \sqrt[3]{x}$

l) $f(x) = \sqrt{x^3}$

m) $f(x) = 8 \cdot \sqrt{x} - 2 \cdot \sqrt[4]{x}$

n) $f(x) = \frac{\sqrt[3]{x}}{2} + \frac{1}{\sqrt{x}}$

Produktregel

Aufgabe 16: Berechne die Ableitungen der folgenden Funktionen sowohl mit der Produktregel wie auch, indem Du zuerst ausmultiplizierst:

a) $f(x) = (2x + 3) \cdot (2x - 1)$

b) $f(x) = (x + 4) \cdot (x^2 - 2)$

c) $f(x) = (3x^2 - 5) \cdot (x^2 + 3x)$

d) $f(x) = (x^2 + 2x + 1) \cdot (2x - 2)$

e) $f(x) = (2x + 3) \cdot (4x^2 - 6x + 9)$

f) $f(x) = (x^3 + 4x - 5) \cdot (2x^2 - x + 6)$

Quotientenregel

Aufgabe 17: Differenziere mithilfe der Quotientenregel:

a) $f(x) = \dfrac{x-1}{x+4}$

b) $f(x) = \dfrac{2x+1}{3x-5}$

c) $f(x) = \dfrac{2x}{x^3+2}$

d) $f(x) = \dfrac{x^2-5x}{x^2-4}$

e) $f(x) = \dfrac{2x^2-3x+1}{6x+5}$

f) $f(x) = \dfrac{x^3-1}{x^2+3x}$

Aufgabe 18: Berechne die Ableitung der folgenden Funktionen sowohl mithilfe der Quotientenregel wie auch, indem Du zuerst dividierst:

a) $f(x) = \dfrac{x^2+3}{x}$

b) $f(x) = \dfrac{x^2-6x+9}{3x}$

c) $f(x) = \dfrac{3x^3-4x^2}{x^2}$

d) $f(x) = \dfrac{x^3+6x^2-8x-2}{4x^2}$

e) $f(x) = \dfrac{2x-5}{x^3}$

f) $f(x) = \dfrac{3x^2+8}{12x^3}$

Kettenregel

Aufgabe 19: Differenziere mithilfe der Kettenregel:

a) $f(x) = (2x+3)^5$

b) $f(x) = (x^2-9)^3$

c) $f(x) = \dfrac{1}{x^2+3}$

d) $f(x) = \dfrac{1}{(10x-3)^2}$

e) $f(x) = \sqrt{6x-1}$

f) $f(x) = \sqrt{x^2-4}$

g) $f(x) = (2x+1)^4$

h) $f(x) = (-6x+2)^5 \cdot (x+3)$

Vermischte Aufgaben

Aufgabe 20: Berechne die Ableitung der folgenden Funktionen:

a) $f(x) = x \cdot e^x$

b) $f(x) = x^2 \cdot e^x$

c) $f(x) = (3x-2) \cdot e^x$

d) $f(x) = \dfrac{e^x}{x}$

e) $f(x) = \dfrac{x^2}{e^x}$

f) $f(x) = e^{3x}$

g) $f(x) = e^{0.1x+3}$

h) $f(x) = e^{x^2}$

Aufgabe 21: Berechne die Ableitung der folgenden Funktionen:

a) $f(x) = x \cdot \ln(x)$

b) $f(x) = \dfrac{\ln(x)}{x}$

c) $f(x) = [\ln(x)]^3$

d) $f(x) = \ln(x^3)$

e) $f(x) = \ln(2x-5)$

f) $f(x) = \ln(x^2+1)$

Aufgabe 22: Berechne die Ableitung der folgenden Funktionen:

a) $f(x) = \sin(x) \cdot \cos(x)$

b) $f(x) = \cos(x^2)$

c) $f(x) = \sin(3x)$

d) $f(x) = 3\sin(2x+\pi)$

e) $f(x) = \tan(x) = \dfrac{\sin(x)}{\cos(x)}$

f) $f(x) = \sin^2(x) + \cos^2(x)$

4. Ableitung, Steigung und Tangenten

Aufgabe 23: Gegeben ist die Funktion $f(x) = x^2 - 6x + 6$.

    a) In welchen Punkten $P(x|y)$ auf dem Funktionsgraphen ist

        i) $f(x) = 1$ ii) $f(x) = -2$ iii) $f(x) = 0$?

        Wie gross ist die Steigung in diesen Punkten?

    b) In welchen Punkten $P(x|y)$ auf dem Funktionsgraphen ist

        i) $f'(x) = 1$ ii) $f'(x) = -2$ iii) $f'(x) = 0$?

Aufgabe 24: Wie gross ist die Steigung der Kurve $y = x^3 - 5x^2 + 6x$ in ihren Schnittpunkten mit der x-Achse?

Aufgabe 25: a) In welchen Punkten und unter welcher Steigung schneidet die Kurve $y = \frac{3}{2}x - \frac{1}{6}x^3$ die x-Achse? b) In welchen Punkten besitzt diese Kurve eine zur x-Achse parallele Tangente?

Aufgabe 26: Berechne die Ableitung der Funktion $f(x) = \frac{1}{4}x^4 - 2x^3 + \frac{9}{2}x^2$. In welchen Punkten hat der Graph eine waagrechte Tangente?

Aufgabe 27: In welchen Punkten der Kurve $y = \frac{1}{3}x^3 - \frac{5}{2}x^2 + 5x - 1$ ist die Tangente um

    a) $\alpha = 45°$ bzw. b) $\alpha = 135°$ zur x-Achse geneigt?

Satz: Die Steigung k und den Steigungswinkel α der Tangente an den Funktionsgraphen an der Stelle x erhält man durch $k = f'(x) = \tan(\alpha)$.

Aufgabe 28: Berechne die Ableitung der Funktion $f(x) = x^3 - 3x^2 - 6x$. In welchen Punkten des Graphen haben die Tangenten die Steigung $k = 3$? Bestimme die Gleichungen der Tangenten.

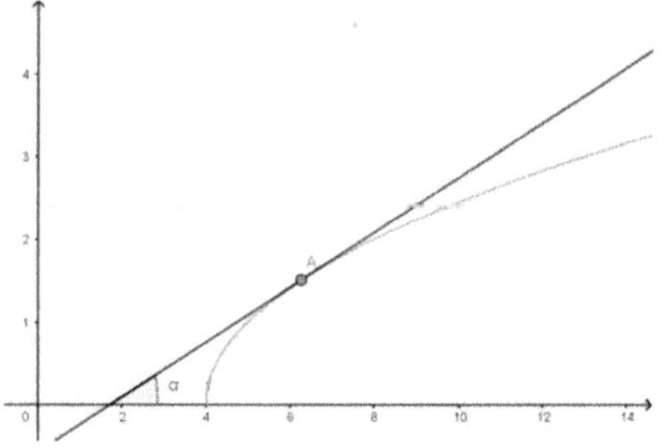

Aufgabe 29: Berechne die Ableitung der Funktion $f(x) = x^3 - 6x^2 + 10x - 4$. In welchen Punkten des Graphen sind die Tangenten parallel zur ersten Mediane (= Winkelhalbierende zwischen der x- und der y-Achse)? Bestimme die Gleichungen der Tangenten.

Aufgabe 30: Gebe die Gleichung der Tangente an der angegebenen Stelle an:

    a) $f(x) = 3x^2$ $x = 1$ e) $f(x) = 7x^3 + 9x^2 - 8$ $x = -1$

    b) $f(x) = -x^3$ $x = 2$ f) $f(x) = \frac{1}{9}x^4$ $x = 3$

    c) $f(x) = 4x - x^2$ $x = 3$ g) $f(x) = x^3 - 4x^2 + 4x - 1$ $x = 2$

    d) $f(x) = x^3 - 9x$ $x = -2$ h) $f(x) = 2x^5 - 5x^4 + 3x^2$ $x = 1$

Aufgabe 31: Die Flugbahn einer Kugel beschreibt eine Parabel. Diese Parabel kann durch die Funktion $y = -0.05x^2 + 0.9x$ beschrieben werden. y bezeichnet die Höhe über dem Boden und x der Abstand vom Abwurfsort, wobei die Angaben in Meter sind.

    a) In welcher Entfernung vom Abschusspunkt trifft die Kugel auf dem Boden auf?

    b) Wo befindet sich der höchste Punkt der Wurfbahn?

Aufgabe 32: Ein Seil überspannt einen 25 m breiten Graben bei einer Höhendifferenz von 10 m. Das Seil ist 2 m über dem Boden fixiert. Die Form des Seils entspricht näherungsweise der Kurve $y = 0.02x^2 - 0.1x + 2$ zwischen den Punkten A(0|2) und B(25|12).

a) Welche Neigung hat das Seil in den Endpunkten?

b) Wo liegt der tiefste Punkt der Kurve?

c) Gib die Gleichung der Tangente an, die parallel zur Geraden von A nach B ist. Gib den Durchhang des Seiles an, d.h. wie viel tiefer liegt die Tangente als die direkte Gerade von A nach B?

Bem: In Wirlichkeit wird ein durchhängendes Seil nur näherungsweise durch eine Parabel (rot) beschrieben. Es handelt sich eigentlich um eine Kettenlinie (grün), d.h. einen Kosinus hyperbolicus.

5. Differenzierbarkeit und Stetigkeit

Stetigkeit: Eine Funktion heisst stetig, falls sie im ganzen Definitionsbereich ohne .._Absetzen_.. gezeichnet werden kann, sonst heisst sie unstetig.

Differenzierbarkeit: Eine Funktion heisst differenzierbar, falls sich ihre .._Steigung_...... im ganzen Definitionsbereich eindeutig bestimmen lässt.

Aufgabe 33: Kreuze an, ob die folgenden Funktionen im dargestellten Ausschnitt des Koordinatensystems stetig bzw. differenzierbar sind:

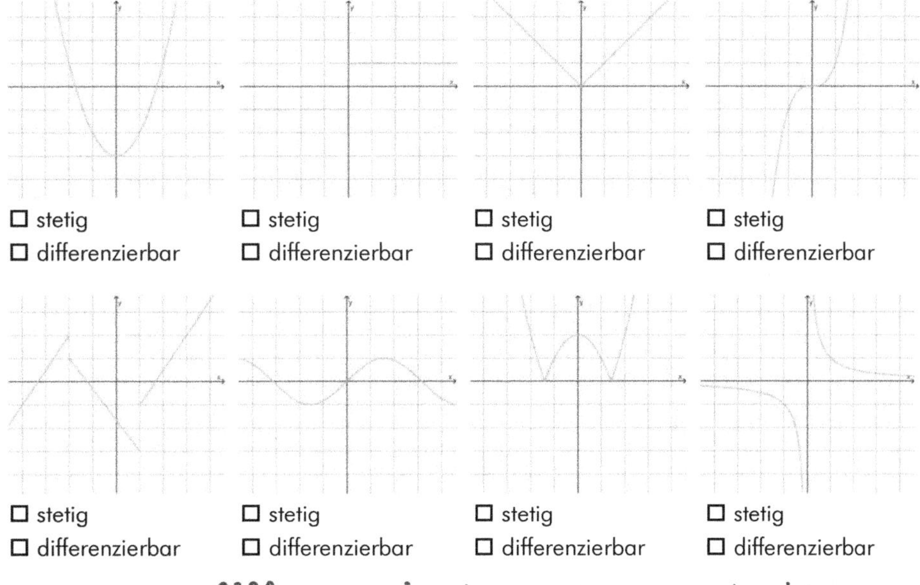

☐ stetig
☐ differenzierbar

☐ stetig
☐ differenzierbar

☐ stetig
☐ differenzierbar

☐ stetig
☐ differenzierbar

☐ stetig
☐ differenzierbar

☐ stetig
☐ differenzierbar

☐ stetig
☐ differenzierbar

☐ stetig
☐ differenzierbar

Satz: Ist eine Funktion .._differenzierbar_.., so ist sie ...._stetig_..... Ist eine Funktion stetig, so muss sie nicht zwingend differenzierbar sein.

Lösungen

1.
$$f(x) = x^2 \qquad f'(x) = 2x$$
$$f(x) = \sqrt{x} \qquad f'(x) = \tfrac{1}{2}x^{-\frac{1}{2}}$$
$$f(x) = \sin(x) \qquad f'(x) = \cos(x)$$
$$f(x) = \cos(x) \qquad f'(x) = -\sin(x)$$
$$f(x) = e^x \qquad f'(x) = e^x$$
$$f(x) = \ln(x) \qquad f'(x) = \tfrac{1}{x}$$

2. Hier die ausgefüllte Tabelle:

Funktion $f(x)$	Ableitung $f'(x)$	Funktion $f(x)$	Ableitung $f'(x)$
c	0	$\sin(x)$	$\cos(x)$
x	1	$\cos(x)$	$-\sin(x)$
$c \cdot x$	c	e^x	e^x
x^2	$2 \cdot x$	$e^{c \cdot x}$	$c \cdot e^{c \cdot x}$
x^r	$r \cdot x^{r-1}$	a^x	$\ln(a) \cdot a^x$
$\sqrt{x}$	$\dfrac{1}{2 \cdot \sqrt{x}}$	$\ln(x)$	$\dfrac{1}{x} \quad (x > 0)$
$\dfrac{1}{x}$	$-\dfrac{1}{x^2}$	$\log_a(x)$	$\dfrac{1}{\ln(a)} \dfrac{1}{x} \quad (x > 0)$

3.
a) $f(x) = 11x^{10}$ b) $f'(x) = 5$
c) $f'(x) = \dfrac{1}{2\sqrt{x}}$ d) $f'(x) = \dfrac{-2}{x^3}$
e) $f'(x) = 0$ f) $f(x) = -\sin(x)$
g) $f(x) = \ln(2) \cdot 2^x$ h) $f(x) = 2e^{2x}$
i) $f(x) = \dfrac{1}{x}$

4.
$$f(x) = c \Rightarrow f'(x) = 0$$
$$f(x) = x \Rightarrow f'(x) = 1$$
$$f(x) = x^2 \Rightarrow f'(x) = 2x$$
$$f(x) = x^r \Rightarrow f'(x) = r \cdot x^{r-1}$$

5.
$$f'(x) = \lim_{h \to 0} \frac{f(x+h) - f(x)}{h} = \lim_{h \to 0} \frac{c \cdot (x+h) - c \cdot x}{h} = \lim_{h \to 0} \frac{c \cdot x + c \cdot h - c \cdot x}{h} = \lim_{h \to 0} \frac{c \cdot h}{h} = \lim_{h \to 0}(c) = c$$

$$f'(x) = \lim_{h \to 0} \frac{f(x+h) - f(x)}{h} = \lim_{h \to 0} \frac{(x+h)^2 - x^2}{h} = \lim_{h \to 0} \frac{x^2 + 2xh + h^2 - x^2}{h} = \lim_{h \to 0} \frac{2xh + h^2}{h} = \lim_{h \to 0} \frac{h(2x+h)}{h} = \lim_{h \to 0}(2x + h) = 2x$$

6.
$$f(x) = x^r \Rightarrow f'(x) = r \cdot x^{r-1} \quad \text{also} \quad f(x) = \tfrac{1}{x} = x^{-1} \Rightarrow f'(x) = -1 \cdot x^{-1-1} = -x^{-2}$$
$$f(x) = x^r \Rightarrow f'(x) = r \cdot x^{r-1} \quad \text{also} \quad f(x) = \sqrt{x} = x^{\frac{1}{2}} \Rightarrow f'(x) = \tfrac{1}{2} \cdot x^{\frac{1}{2}-1} = \tfrac{1}{2}x^{-\frac{1}{2}} = \dfrac{1}{2\sqrt{x}}$$

7.
$$f(x) = c \cdot x \Rightarrow f'(x) = c \quad \text{also} \quad f(x) = 1 \cdot x \Rightarrow f'(x) = 1$$
$$f(x) = x^r \Rightarrow f'(x) = r \cdot x^{r-1} \quad \text{also} \quad f(x) = x^1 \Rightarrow f'(x) = 1 \cdot x^{1-1} = x^0 = 1$$
Es gibt auf beiden Wegen dasselbe Resultat.

8.
$$f(x) = c \Rightarrow f'(x) = 0 \quad \text{also} \quad f(x) = 1 \Rightarrow f'(x) = 0$$
$$f(x) = x^r \Rightarrow f'(x) = r \cdot x^{r-1} \quad \text{also} \quad f(x) = x^0 \Rightarrow f'(x) = 0 \cdot x^{0-1} = 0$$
Es gibt auf beiden Wegen dasselbe Resultat.

9.
a) $\left[a^x\right]' = \left[\left(e^{\ln(a)}\right)^x\right]' = \left[e^{\ln(a) \cdot x}\right]' = \ln(a) \cdot e^{\ln(a) \cdot x} = \ln(a) \cdot \left(e^{\ln(a)}\right)^x = \ln(a) \cdot a^x$

b) $\left[e^x\right]' = \ln(e) \cdot e^x = 1 \cdot e^x = e^x$

10. a) $f'(x) = 21x^2$ b) $f'(x) = 2x + 5$ c) $f'(x) = \frac{1}{2\sqrt{x}} + \frac{1}{x^2}$

    d) $f'(x) = -7\sin(x) + 3$ e) $f'(x) = \left(x^2 + 2x\right)\cdot e^x$ f) $f'(x) = \ln(x) + 1$

    g) $f'(x) = \dfrac{x\cdot\cos(x) - \sin(x)}{x^2}$ h) $f'(x) = \dfrac{\sin(x)}{\cos^2(x)}$ i) $f'(x) = \dfrac{e^x\cdot(x-1)}{x^2}$

11. a) $f'(x) = -\sin(x^3)\cdot 3{\cdot}x^2$ b) $f'(x) = -e^{\cos(x)}\sin(x)$ c) $f'(x) = \dfrac{x}{\sqrt{x^2+1}}$

12. a) 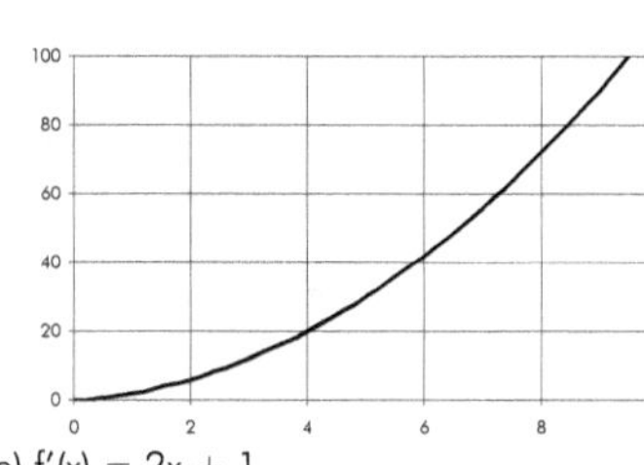   b) 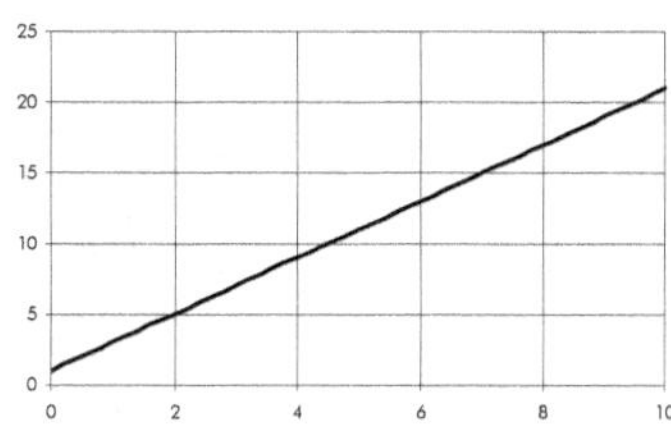

    c – e) $f'(x) = 2x + 1$

    f)   –

13. $h'(x) = \cos(x)$ d.h. eine additive Konstante geht beim Ableiten verloren.
Beim Ableiten bleibt nur die Information über die Steigung erhalten.
Die Information, auf welcher „Höhe" wir uns befinden, geht verloren.

14. a) $f'(x) = 3$ b) $f'(x) = 12$

    c) $f'(x) = 4x^3$ d) $f'(x) = 0$

    e) $f'(x) = 10x^9$ f) $f'(x) = 15x^4$

    g) $f'(x) = 60x^{11}$ h) $f'(x) = 0$

    i) $f'(x) = 2x^3$ j) $f'(x) = \dfrac{2x^5}{3}$

    k) $f'(x) = 2x - 3$ l) $f'(x) = -8x + 5$

    m) $f'(x) = 9x^2 + 8x - 5$ n) $f'(x) = 4x^3 - 18x^2 + 10x$

    o) $f'(x) = 6x^2 - 24x + 7$ p) $f'(x) = 2x^3 + 12x^2 - 10x$

    q) $f'(x) = \frac{1}{2}x^2 - \frac{3}{2}x + \frac{5}{2}$ r) $f'(x) = 2x^9 + 8x^5 - 5x$

    s) $f'(x) = 2n\cdot x^{2n-1} + n\cdot x^{n-1}$

15. a) $f'(x) = 100x^{99}$ b) $f'(x) = 21x^6 + 55x^4 - 24x^2 - 7$

    c) $f'(x) = \frac{1}{3}x^3 + \frac{12}{5}x^2 - \frac{3}{2}x - \frac{1}{8}$ d) $f'(x) = -\dfrac{3}{x^4}$

    e) $f'(x) = -\dfrac{6}{x^3}$ f) $f'(x) = -\dfrac{2}{x^5}$

    g) $f'(x) = -\dfrac{4}{x^7}$ h) $f'(x) = 2x + \dfrac{2}{3} + \dfrac{4}{x^2}$

    i) $f'(x) = -\dfrac{9}{x^4} + \dfrac{4}{x^3} - \dfrac{1}{3x^2}$ j) $f'(x) = -\dfrac{4}{x^5} + \dfrac{18}{x^4} - \dfrac{24}{x^3} + \dfrac{8}{x^2}$

    k) $f'(x) = \dfrac{1}{3\cdot\sqrt[3]{x^2}}$ l) $f'(x) = \dfrac{3\sqrt{x}}{2}$

    m) $f'(x) = \dfrac{4}{\sqrt{x}} - \dfrac{1}{2\cdot\sqrt[4]{x^3}}$ n) $f'(x) = \dfrac{1}{6\cdot\sqrt[3]{x^2}} - \dfrac{1}{2\cdot\sqrt{x^3}}$

16. a) $f'(x) = 8x + 4$ b) $f'(x) = 3x^2 + 8x - 2$

    c) $f'(x) = 12x^3 + 27x^2 - 10x - 15$ d) $f'(x) = 6x^2 + 4x - 2$

    e) $f'(x) = 24x^2$ f) $f'(x) = 10x^4 - 4x^3 + 42x^2 - 28x + 29$

17. a) $f'(x) = 5/(x + 4)^2$ b) $f'(x) = -13/(3x - 5)^2$

    c) $f'(x) = (-4x^3 + 4)/(x^3 + 2)^2$ d) $f'(x) = (5x^2 - 8x + 20)/(x^2 - 4)^2$

    e) $f'(x) = (12x^2 + 20x - 21)/(6x + 5)^2$ f) $f'(x) = (x^4 + 6x^3 + 2x + 3)/(x^2 + 3x)^2$

18. a) $f'(x) = 1 - {}^3\!/_{x^2}$ b) $f'(x) = {}^1\!/_3 - {}^3\!/_{x^2}$
    c) $f'(x) = 3$ d) $f'(x) = {}^1\!/_4 + {}^2\!/_{x^2} + {}^1\!/_{x^3}$
    e) $f'(x) = -{}^4\!/_{x^3} + {}^{15}\!/_{x^4}$ f) $f'(x) = -{}^1\!/(4x^2) - {}^2\!/_{x^4}$

19. a) $f'(x) = 10(2x + 3)^4$ b) $f'(x) = 6x(x^2 - 9)^2$
    c) $f'(x) = -2x/(x^2 + 3)^2$ d) $f'(x) = -20/(10x - 3)^3$
    e) $f'(x) = 3/\sqrt{(6x - 1)}$ f) $f'(x) = x/\sqrt{(x^2 - 4)}$
    g) $f'(x) = 8\cdot(2\cdot x + 1)^3$ h) $f'(x) = -64\cdot(3\cdot x - 1)^4\cdot(9\cdot x + 22)$

20. a) $f'(x) = (1 + x)\cdot e^x$ b) $f'(x) = (2x + x^2)\cdot e^x$
    c) $f'(x) = (3x + 1)\cdot e^x$ d) $f'(x) = (x - 1)\cdot e^x/x^2$
    e) $f'(x) = (2x - x^2)/e^x$ f) $f'(x) = 3e^{3x}$
    g) $f'(x) = 0.1e^{0.1x+3}$ h) $f'(x) = 2x\cdot e^{x^2}$

21. a) $f'(x) = \ln(x) + 1$ b) $f'(x) = (1 - \ln x)/x^2$
    c) $f'(x) = 3\cdot(\ln x)^2/x$ d) $f'(x) = 3/x$
    e) $f'(x) = 2/(2x - 5)$ f) $f'(x) = 2x/(x^2 + 1)$

22. a) $f'(x) = \cos^2 x - \sin^2 x$ b) $f'(x) = -2x\cdot\sin(x^2)$
    c) $f'(x) = 3\cdot\cos(3x)$ d) $f'(x) = 6\cdot\cos(2x + \pi)$
    e) $f'(x) = 1/\cos^2 x$ f) $f'(x) = 0$

23. a) i) $P_1(1\,|\,1), k = -4; P_2(5\,|\,1), k = 4$
        ii) $P_1(2\,|\,-2), k = -2; P_2(4\,|\,-2), k = 2$
        iii) $P_1(1.27\,|\,0), k = -3.46; P_2(4.73\,|\,0), k = 3.46$
    b) i) $P(3.5\,|\,-2.75)$
        ii) $P(2\,|\,-2)$
        iii) $P(3\,|\,-3)$

24. $(0\,|\,0), k = 6 / (2\,|\,0)\quad k = -2 / (3\,|\,0), k = 3$

25. a) $(0\,|\,0), k = {}^3\!/_2\quad (3\,|\,0), k = -3\quad (-3\,|\,0), k = -3$
    b) $(\sqrt{3}\,|\,\sqrt{3})\qquad (-\sqrt{3}\,|\,-\sqrt{3})$

26. $(0\,|\,0), (3\,|\,6.75)$

27. a) $(1\,|\,{}^{11}\!/_6), (4\,|\,{}^1\!/_3)$ b) $(2\,|\,{}^5\!/_3), (3\,|\,{}^1\!/_2)$

28. $(-1\,|\,2)\quad t_1: y = 3x + 5$
    $(3\,|\,-18)\quad t_2: y = 3x - 27$

29. $(1\,|\,1)\quad t_1: y = x$
    $(3\,|\,-1)\quad t_2: y = x - 4$

30. a) $f(x) = 6x - 3$ b) $f(x) = -12x + 16$
    c) $f(x) = -2x + 9$ d) $f(x) = 3x + 16$
    e) $f(x) = 3x - 3$ f) $f(x) = 12x - 27$
    g) $f(x) = -1$ h) $f(x) = -4x + 4$

31. a) $18\,\text{m}$ b) $(9\,\text{m}\,|\,4.05\,\text{m})$

32. a) A: -0.1, B: 0.9 b) $(2.5\,|\,1.875)$
    c) $t: y = 0.4x - 1.125$, Durchhang: 3.125

33. 1. Zeile: stetig, diff'bar / nicht stetig, nicht diff'bar / stetig, nicht diff'bar / stetig, diff'bar
    2. Zeile: nicht stetig, nicht diff'bar / stetig, diff'bar / stetig, nicht diff'bar / (stetig, diff'bar)

Bildquellen

Seite 1   „Grab des Hafis" von Pentocelo via Wikimedia Commons (Creative Commons BY-SA 3.0)
Alle restlichen Graphiken von Christian Wyss (Creative Commons BY-SA 4.0)
Die Creative Commons Lizenzen sind unter https://creativecommons.org/ erhältlich.
Das vorliegende Skript wurde von Dr. Christian Wyss erstellt und ist unter www.mathema.ch zu beziehen.

Analysis
Differentialrechnung III

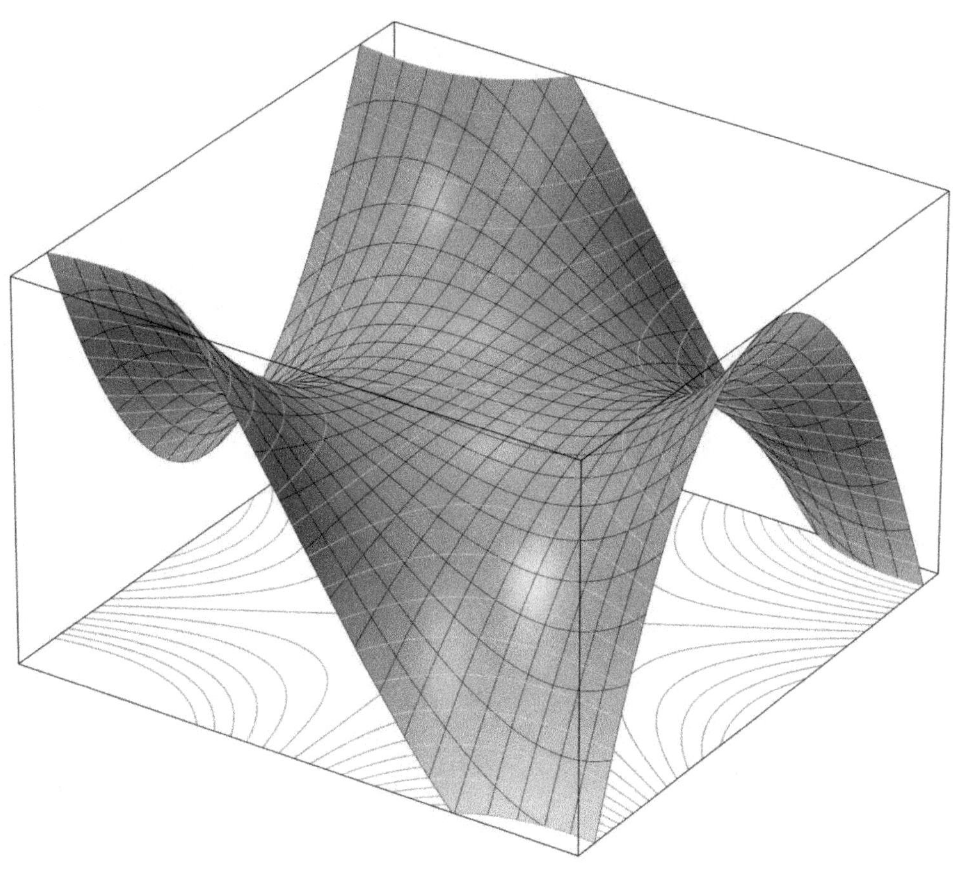

Die Figur stellt eine Funktion im dreidimensionalen Raum dar. Die dargestellte Oberfläche nennt sich Affensattel. Der Namen rührt von der Überlegung her, dass ein Sattel für einen Affen drei Vertiefungen benötigt – zwei für die Beine und eine für den Schwanz. Mathematisch ist der Affensattel eine interessante Umgebung, weil am Affensattel sowohl ein Minimum, ein Maximum und ein Sattelpunkt vorkommen.

1. Wachstumsverhalten und Extremalstellen

Definition: Eine Funktion heisst im Intervall $[a, b]$

streng monoton ...*steigend*..., wenn $x_1 < x_2$ gilt $f(x_1) < f(x_2)$

streng monoton ...*fallend*..., wenn $x_1 < x_2$ gilt $f(x_1) > f(x_2)$

für alle x_1 und x_2 aus dem Intervall $[a, b]$.

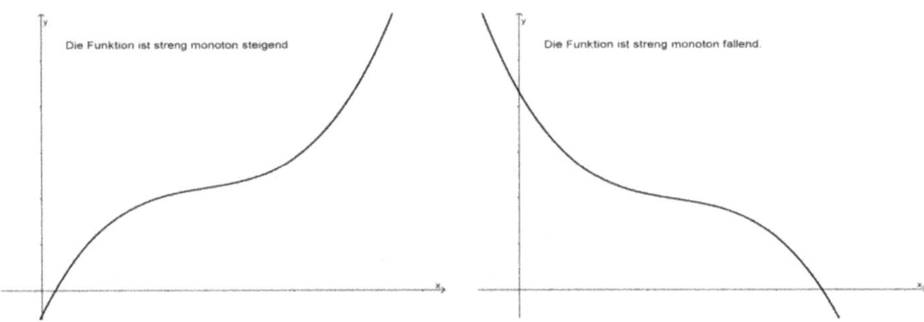

Um bequem und sicher feststellen zu können, wo eine Funktion steigend und wo sie fallend ist, verfügen wir über ein starkes mathematisches Instrument: die Ableitung.

Satz: $f'(x) \geq 0$ für x in $[a, b] \Rightarrow f$ ist **streng monoton steigend** auf $[a, b]$

$f'(x) \leq 0$ für x in $[a, b] \Rightarrow f$ ist **streng monoton fallend** auf $[a, b]$

Aufgabe 1: Untersuche, ob die Funktion auf dem Intervall $[1, 5]$ streng monoton steigend oder fallend ist. Überlege Dir dazu, wie die Funktion aussieht. Mache allenfalls eine Skizze. Du kannst die Monotonie auch mit der Ableitung beurteilen.

a) $f(x) = x^2$

b) $f(x) = \sqrt{x}$

c) $f(x) = \dfrac{1}{1+x}$

d) $f(x) = 1 - x$

Es gibt auch Stellen an den eine Funktion weder steigend noch fallend ist. Dies ist der Fall, wenn die Funktion eine lokale Extremalstelle erreicht. Ein Maximum (Hochpunkt H) oder ein Minimum (Tiefpunkt T) sind Extremalstellen der Funktion.

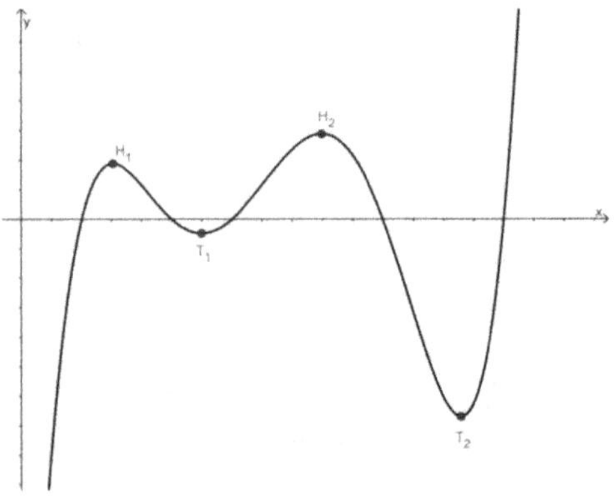

Definition: Hat die Funktion f an der Stelle x_0 eine lokale **Extremalstelle**, so ist

$f'(x_0) = ...0...$

Aufgabe 2: In der Abbildung ist die Funktion
$f(x) = -4x^3 + 3x^2 + 36x + 10$ dargestellt.

a) Wie viele Extremalstellen hat diese Funktion. Zeichne sie in der Abbildung ein?

b) Berechne, wo diese Extrema liegen. Gib die Koordinaten der Extrema an.

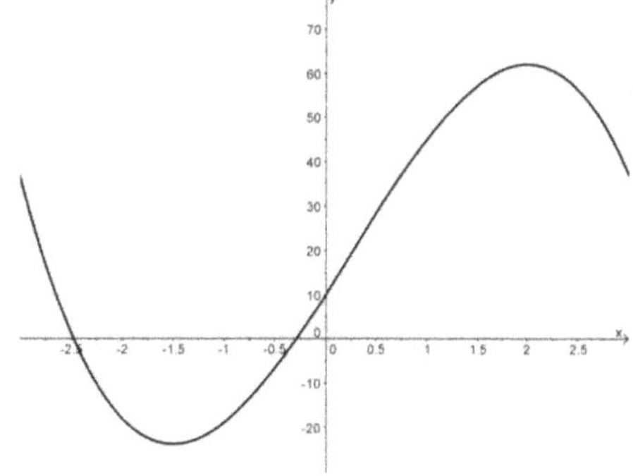

Die Ableitung einer Funktion ist ein erstklassiges Instrument, um maximale und minimale Funktionswerte zu finden. Das Finden eines Maximums oder eines Minimums wird auch *Optimieren* genannt. Optimierungsaufgaben sind in der Praxis sehr wichtig. Wir versuchen nun, eine erste Extremwertaufgabe zu lösen:

Aufgabe 3: Aus einem Karton im A4-Format (21 cm mal 29 cm) kannst Du auf einfache Art eine offene Schachtel herstellen. Du schneidest in jeder Ecke ein gleich grosses Quadrat weg und faltest die Ränder, wie in der Abbildung angegeben, nach oben. Dann kannst Du mit Klebeband die Ränder zusammenkleben.

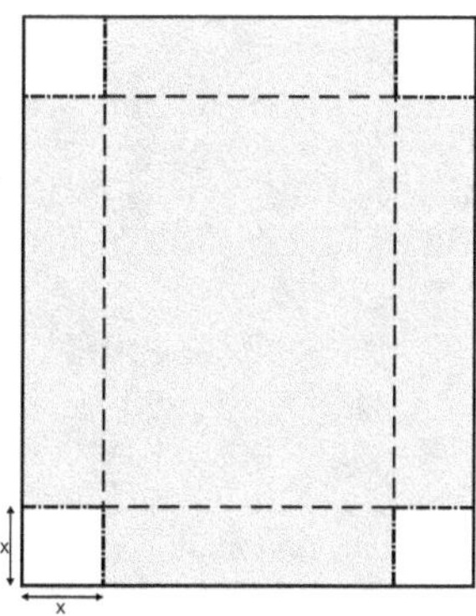

Falls Du vier sehr kleine Quadrate wegschneidest, erhältst Du eine sehr flache Schachtel mit einem kleinen Volumen. Vergrösserst Du die Quadrate, wird die Schachtel zwar höher, aber der Boden kleiner.

Das Problem: Bei welchen Massen für die weggeschnittenen Quadrate ist das Volumen der Schachtel maximal?

a) Berechne das Volumen der Kiste, falls Du 2 cm an den Ecken abschneidest.

b) Bezeichne die Seitenlänge der weggeschnittenen Quadrate mit x. Welche Werte kann x annehmen, d.h. welches ist das kleinste und welches das grösste mögliche x?

c) Schätze, für welches x das Volumen am grössten wird. Probiere ein paar Werte aus.

d) Das Volumen der Schachtel ist eine Funktion von x, nennen wir sie V(x). Bestimme V(x).

e) Berechne nun, für welches x das Volumen am grössten wird. Finde dazu mit Hilfe der Ableitung das Maximum der Funktion V(x). Berechne auch das maximale Volumen.

Aufgabe 4: Hat die Funktion an einer Stelle eine horizontale Tangente, ist die Steigung der Funktion an dieser Stelle also Null, so hat sie trotzdem nicht zwingend eine Extremalstelle (lokales **Maximum** oder **Minimum**). Es kann sich auch um einen **Terrassenpunkt)** handeln. Die vier möglichen Situationen sind abgebildet. Gib die Steigung (steigend, fallend, null) der Kurve vor, im und nach der Stelle mit der Steigung null an, d.h. bei der Stelle, an der $f'(x_0) = 0$ gilt. Welches Vorzeichen hat die Ableitung (> 0, < 0, $= 0$) jeweils?

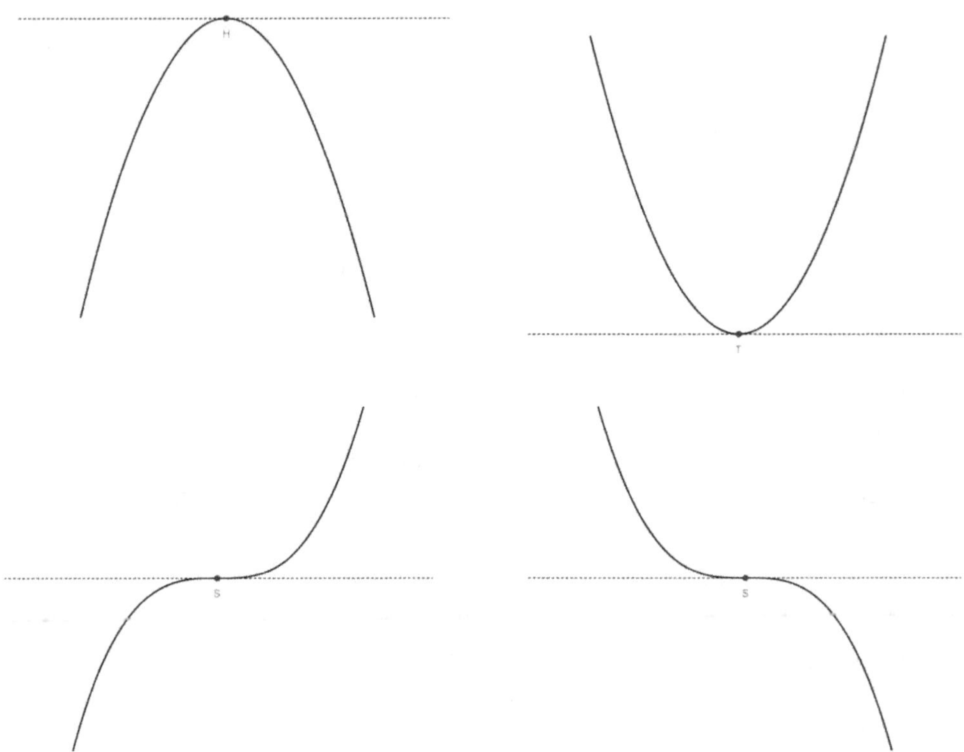

Aufgabe 5: Hat die Funktion $f(x) = x^3$ ein Maximum, ein Minimum oder einen Terrassenpunkt? Wo liegt dieser Punkt? Mit Hilfe der Ableitung findest Du allfällige Maxima, Minima oder Sattelpunkte. Schau dir die obigen Figuren gut an. Du kannst mit der Steigung in der Umgebung des Punktes testen, ob es sich um eine Extremalstelle oder um einen Sattelpunkt handelt.

Aufgabe 6: Wo hat die Funktion $f(x) = 2x^3 - 3x^2 - 6$ eine horizontale Tangente? Teste mit der Steigung in der Umgebung dieser Stelle, ob es sich um Maxima, Minima oder Terrassenpunkte handelt.

2. Das Krümmungsverhalten

Aufgabe 7: Einige Zeitungsausschnitte:

   a) „Die globale Temperatur nimmt zu!", „Die Zunahme der globalen Temperatur verlangsamt sich." Welches ist der Unterschied im beschriebenen Wachstumsverhalten? Verdeutliche dies, indem Du zu den beiden Schlagzeilen mögliche Graphen skizzierst.

   b) „Der Börsenkurs fällt immer schneller". Skizziere den Graphen

Aufgabe 8: „Das verlangsamende Wachstum des Waldbestandes in der Schweiz ist in eine Abnahme übergegangen." Welcher Graph illustriert diesen Text?

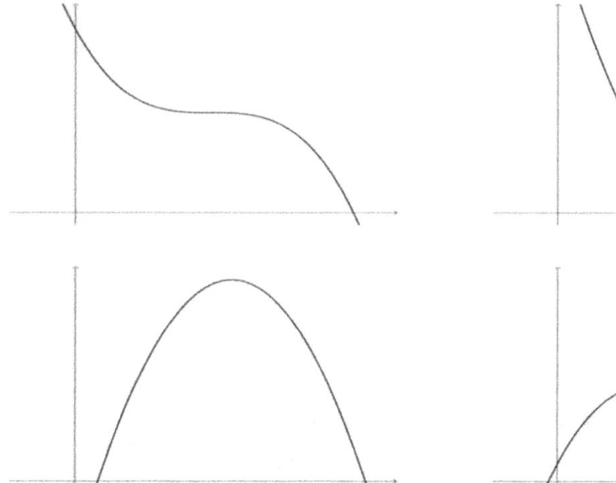
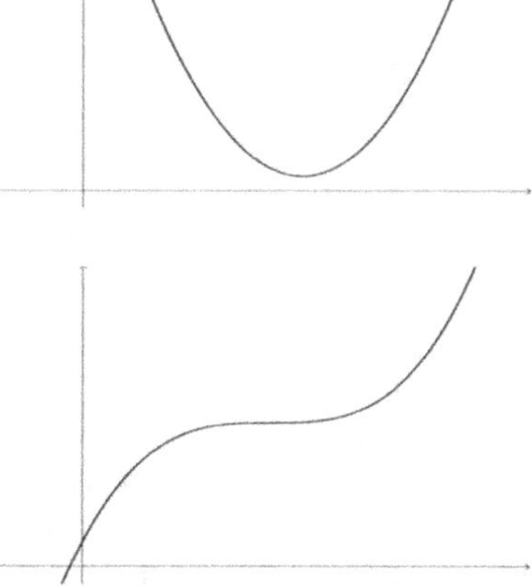

Aufgabe 9: Die Graphen in dieser Abbildung steigen beide. Sie tun dies jedoch auch auf unterschiedliche Art und Weise. Schaue Dir die Figuren an und versuche, die Lücken im Text auszufüllen:

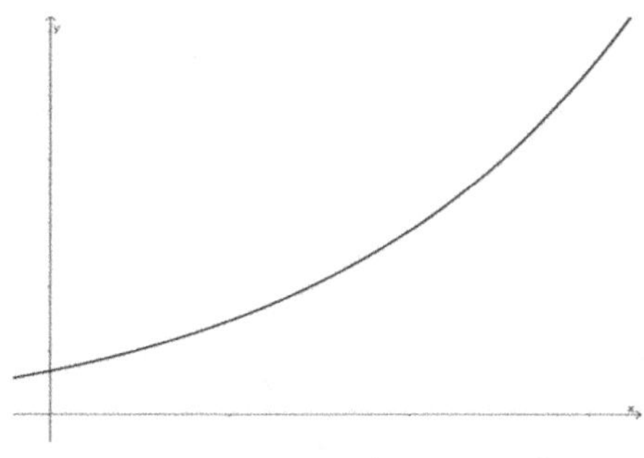
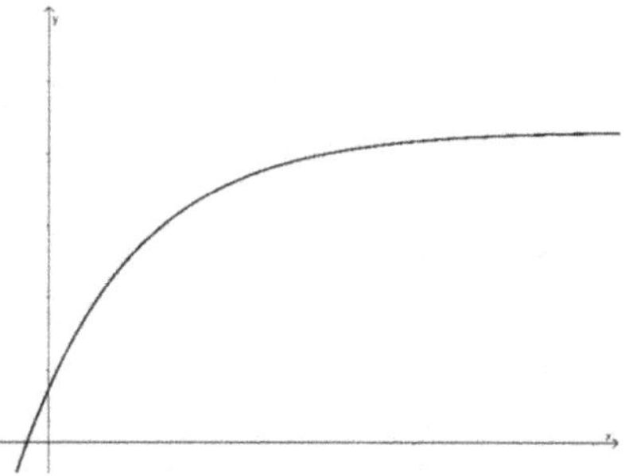

Die Funktion ist *steigend* .

Die Steigung ist *positiv* $f'(x) > 0$.

Die Steigung wird immer *grösser*,

d.h. sie nimmt von links nach rechts *zu*

Die Funktion ist *steigend* .

Die Steigung ist *positiv* $f'(x) > 0$.

Die Steigung wird immer *kleiner*,

d.h. sie nimmt von links nach rechts *ab*

*Definition: **Krümmungsverhalten:***

Nimmt die Steigung von links nach rechts zu, so heisst die Funktion *links gekrümmt*

Nimmt die Steigung von links nach rechts ab, so heisst die Funktion *rechts gekrümmt*

Die Kurve ist *links* gekrümmt.

Die Kurve ist *rechts* gekrümmt.

Aufgabe 10: Zeichne in der letzten Aufgabe auch die Krümmung ein und gib an, ob die Kurve links, rechts oder gar nicht gekrümmt ist.

Aufgabe 11: Die Abbildung zeigt den Graphen der Funktion $f(x) = x^3$ (ausgezogene Linie). Die Funktion steigt überall. Links vom Nullpunkt ist sie jedoch rechts-, und rechts vom Nullpunkt linksgekrümmt.
Die Ableitung $f'(x) = 3x^2$ ist in der Figur auch gezeichnet (strichpunktierte Linie). Wie siehst Du der Ableitung an, ob die Kurve links- oder rechtsgekrümmt ist?

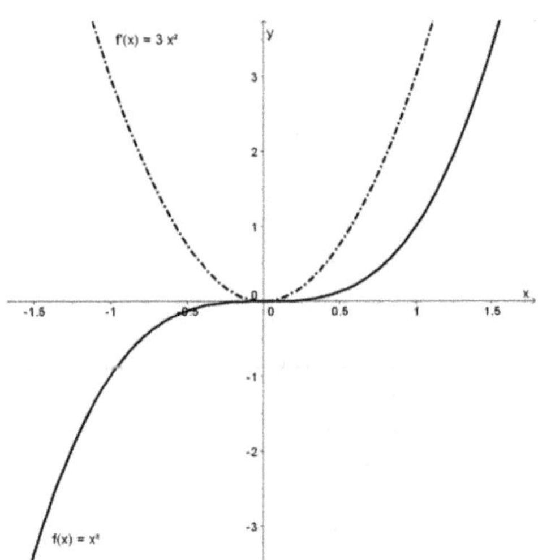

Aufgabe 12: Betrachten wir die Funktion $f(x) = -x^3 + 6x^2 - 10$ (ausgezogene Linie). Zeichne ein, in welchen Bereich die Funktion links- und in welchen sie rechtsgekrümmt ist. Wo geht es von steigend in fallend über? Wie siehst Du diesen Punkt in der Ableitung (strichpunktierte Linie)? Kannst Du die Stelle an der die Kurve von links- nach rechtsgekrümmt übergeht berechnen?

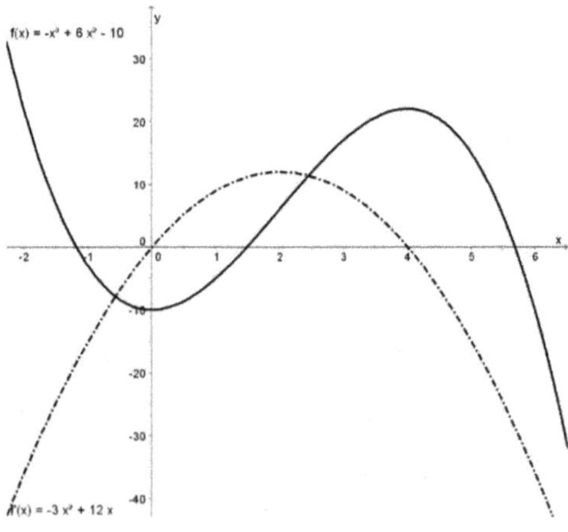

Definition: Um zu untersuchen, ob die Steigung zu- oder abnimmt, braucht man die Ableitung der Ableitung. Die **zweite Ableitung** einer Funktion f bezeichnet man mit f'', in Worten: „f zwei Strich".

Satz: Die zweite Ableitung misst das Krümmungsverhalten:

Ist $f''(x_0) > 0$, so ist die Funktion ..*links*......... gekrümmt.

Ist $f''(x_0) < 0$, so ist die Funktion ..*rechts*.... gekrümmt.

Definition: In einem **Wendepunkt** ändert die ...*Krümmung*..... des Funktionsgraphen von „links" nach „rechts" oder umgekehrt. Im Wendepunkt ist die Steigung ..*konstant*

Satz: Ist $f''(x_0) = 0$, so hat die Funktion

an dieser Stelle eine

..*Wendestelle*

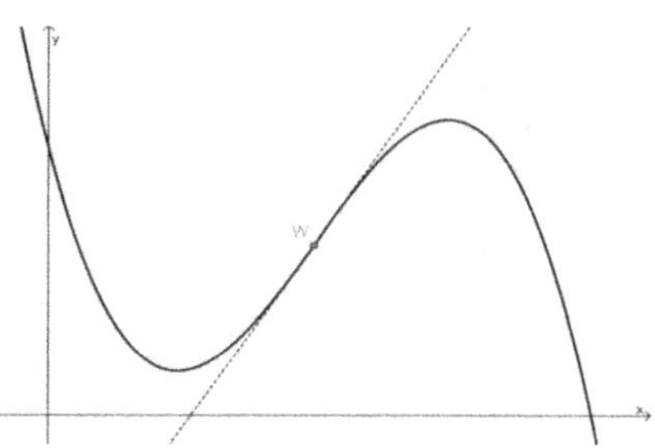

Aufgabe 13: Berechne die Koordinaten des Wendepunkts der Funktion $f(x) = x^3 + 6x^2 + 4x - 4$.

Extremalstellen und Terrassenpunkte und die zweite Ableitung

Gilt an einer Stelle $f'(x_0)=0$, so kann es sich dabei um eine Extremalstelle (Maximum oder Minimum) oder um einen Terrassenpunkt handeln. Die zweite Ableitung wird zur Untersuchung der Extremalstellen eingesetzt.

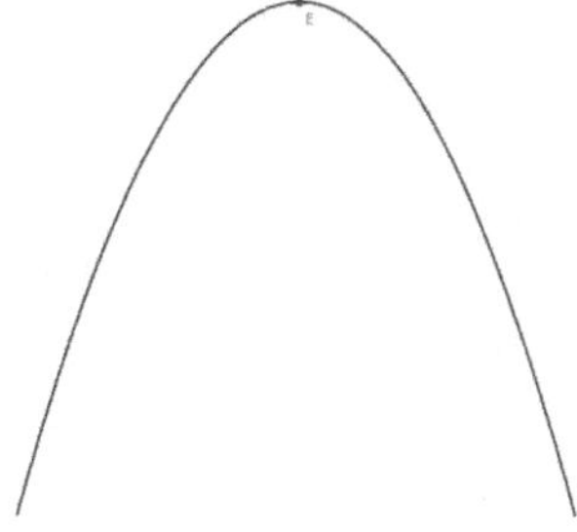

..*Minimum*..........	..*Terasse*.........	...*Maximum*....
..*links*..... gekrümmt	..*nicht*.... gekrümmt	..*rechts*... gekrümmt
$f'(x_0)$ ....=.... 0	$f'(x_0)$ ....=.... 0	$f'(x_0)$ ....=.... 0
$f''(x_0)$ ..>.... 0	$f''(x_0)$ ....=.... 0	$f''(x_0)$ ....<... 0

Aufgabe 14: Wir betrachten die Funktion

$f(x) = x^3 + 5x^2$ (vgl. Abbildung).

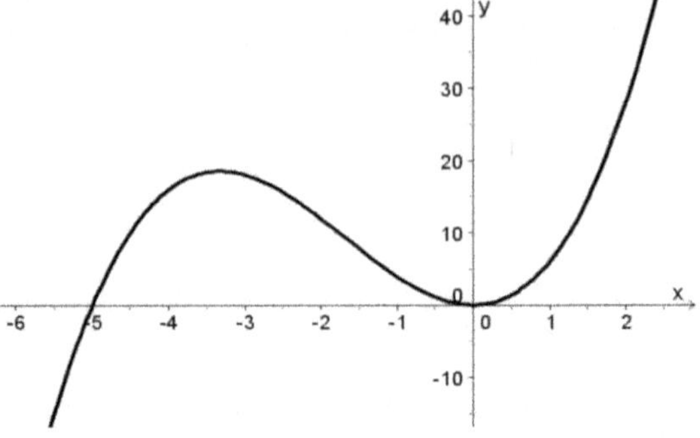

a) Zeichne die Extremalstellen und Wendepunkte in der Figur ein.

b) Finde die Funktionen $f'(x)$ und $f''(x)$.

c) Berechne die Extremalstellen. Um welchen Typ Extremalstelle handelt es sich?

d) Finde nun auch noch die Wendestelle.

Aufgabe 15: Was kannst Du über eine Funktion sagen, wenn Du weisst, dass

a) $f'(3) = 4$

b) $f'(2) = -1$

c) $f'(1) = 0$

d) $f''(2) = 0$

e) $f'(4) = 0$ und $f''(4) = 5$

f) $f'(-2) = 0$ und $f''(-2) = -20$

3. Kurvendiskussion an einem Beispiel

Ausgangslage

Gegeben ist eine Funktion f(x).	$f(x) = \dfrac{x^2 - 8x + 15}{(x-2)^2}$

Vorbereitung

Wir bestimmen die erste Ableitung f′ (Steigung) und die zweite Ableitung f″ (Krümmung) der Funktion f.

$$f'(x) = \frac{4x - 14}{(x-2)^3}$$

$$f''(x) = \frac{-8x + 34}{(x-2)^4}$$

Definitionsmenge

Zum grösstmöglichen Definitionsmenge D einer Funktion f: $\mathbb{R} \to \mathbb{R}$ gehören all diejenigen reellen Zahlen, die – wenn man sie in die Funktion einsetzt – einen Funktionswert ergeben. Bei einer Funktionsdiskussion soll immer der grösstmögliche Definitionsmenge bestimmt werden.

Der Bruch in der Funktion f(x) ist nicht definiert, falls der Nenner Null ist:

$$(x-2)^2 = 0$$
$$x - 2 = 0$$
$$x = 0$$
$$\Rightarrow D = \mathbb{R} \setminus \{2\}$$

Nullstellen

Die Funktion f(x) hat an der Stelle x eine *Nullstelle*, falls gilt: f(x_N) = 0.

Anschaulich gesehen heisst das: Die Nullstellen einer Funktion sind die Schnittstellen der Funktionskurven mit der x-Achse.

$$f(x_N) = \frac{x_N{}^2 - 8x_N + 15}{(x_N - 2)^2} = 0$$

$$\Rightarrow x_N{}^2 - 8x_N + 15 = 0$$

$$\Rightarrow x_{N1} = 3 \text{ und } x_{N2} = 5$$

$$\Rightarrow N_1(3|0) \text{ und } N_2(5|0)$$

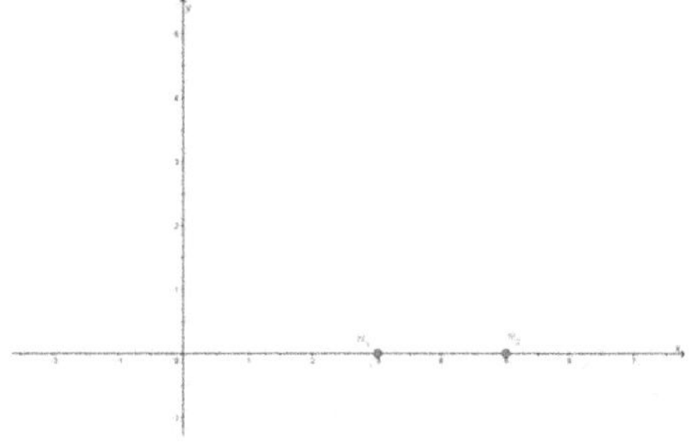

Extremalstellen

Ist $f'(x) > 0$, so ist die Funktion **steigend**.
Ist $f'(x) < 0$, so ist die Funktion **fallend**.

Ist $f'(x_E) = 0$, so hat die Funktion an dieser Stelle *eine Extremalstelle oder eine Terrassenstelle*:
a) Ist zusätzlich $f''(x_E) < 0$, so hat die Funktion ein lokales *Maximum*.
b) Ist zusätzlich $f''(x_E) > 0$, so hat die Funktion ein lokales *Minimum*.
c) Ist zusätzlich $f''(x_E) = 0$, so hat die Funktion einen *Terrassenpunkt*.

$$f'(x_E) = \frac{4x_E - 14}{(x_E - 2)^3} = 0$$

$$\Rightarrow \quad 4x_E - 14 = 0 \quad \Rightarrow \quad x_E = 3.5$$

$$\Rightarrow \quad f(x_E) = -{}^{1}/{}_{3} \quad \Rightarrow \quad E(3.5|-{}^{1}/{}_{3})$$

$$\Rightarrow \quad f''(x_E) = 1.185\ldots > 0 \Rightarrow \text{Minimum}$$

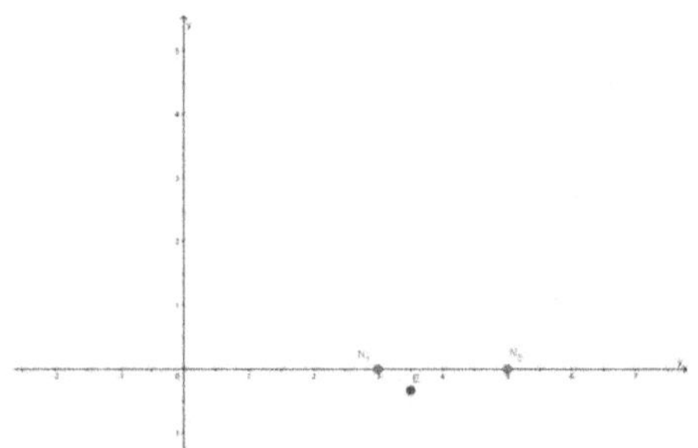

Wendestellen

Ist $f''(x) > 0$, so ist die Kurve
   linksgekrümmt.
Ist $f''(x) < 0$, so ist die Kurve
   rechtsgekrümmt.

Ist $f''(x_W) = 0$, so hat die Kurve an dieser Stelle eine *Wendestelle*.

$$f''(x_W) = \frac{-8x_W + 34}{(x_W - 2)^4} = 0$$

$$\Rightarrow \quad -8x_W + 34 = 0 \quad \Rightarrow \quad x_W = 4.25$$

$$\Rightarrow \quad f(x_W) = -{}^{5}/{}_{27} \quad \Rightarrow \quad W(4.25|-{}^{5}/{}_{27})$$

Asymptoten (horizontale Asymptoten)

Wenn sich der Graph einer Funktion f(x) für grosse x-Werte immer mehr einer bestimmten Kurve – meistens einer Geraden – nähert, dann nennt man diese Kurve *Asymptote*.

Die Berechnung von Asymptoten kann im Allgemeinen kompliziert sein. Wir betrachten hier nur *horizontale Asymptoten* (also konstante Funktionen). Dann nähert sich der Funktionswert für grosse (oder kleine) x-Werte immer mehr einem konstanten Zahl q (Grenzwert).

$$y_A = q = \lim_{x \to \pm\infty} f(x)$$

$$g(x) = \lim_{x \to \infty} f(x) = \lim_{x \to \infty} \frac{x^2 - 8x + 15}{(x-2)^2}$$

$$= \lim_{x \to \infty} \frac{x^2 - 8x + 15}{x^2 - 4x + 4} = 1$$

Die Funktion ist konvergent und hat also eine horizontale Asymptote.

$$y_A = 1$$

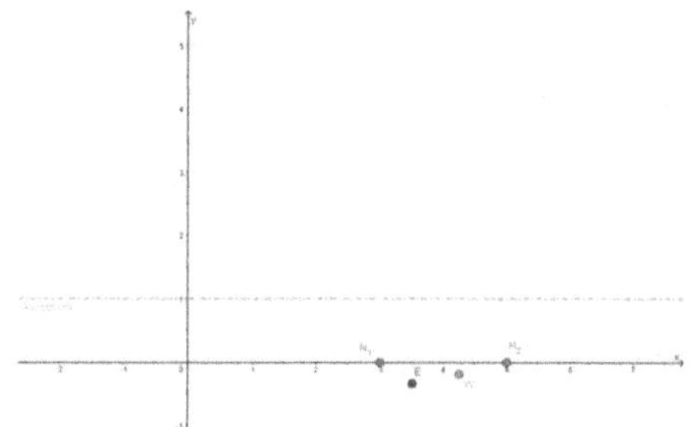

Polstellen (vertikale Asymptote)

Eine Stelle, an der der Funktionswert einen unendlich grossen oder kleinen Wert annimmt, heisst *Polstelle*: $\lim_{x \to x_P} f(x) = \infty$.

An einer Polstelle schmiegt sich der Funktionsgraph einer vertikalen Geraden x_P an (*vertikale Asymptote*).

Die Polstellen erhält man häufig, indem man untersucht, für welche Werte x_P beim Einsetzen in die Funktionsgleichung eine Division durch Null auftritt.

$$x_P - 2 = 0 \quad \Rightarrow \quad x_P = 2$$

$$\lim_{x \to 2} \frac{x^2 - 8x + 15}{(x-2)^2} = \infty$$

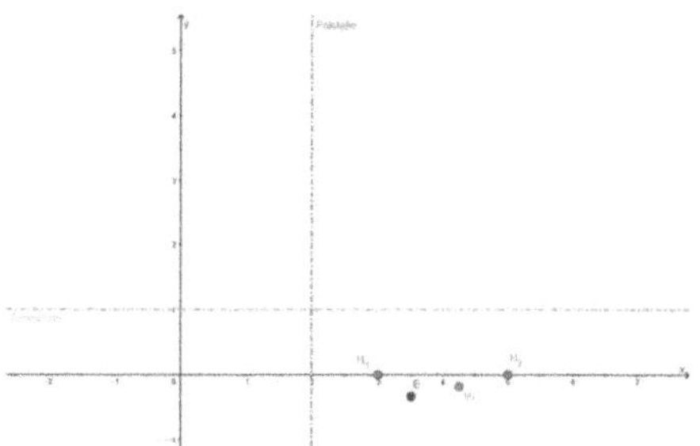

Funktionsgraph

Nun sind alle Eigenschaften der Funktion bekannt und der Graph kann gezeichnet werden.

Der Definitionsmenge ist $D = \mathbb{R} \setminus \{2\}$. Wir müssen also einen Ast des Funktionsgraphen im Intervall $]\infty, 2[$ vergessen haben.

Dieser Ast hat keine Null-, Extremal- und keine Wendestelle. Er schmiegt sich jedoch an die beiden Asymptoten an.

Durch Bestimmen eines Punktes auf dem Graphen, finden wir heraus, ob der Graph sich von oben oder von unten an die Asymptote schmiegt.

Der Graph muss durch die Punkte N_1, N_2, E und W gehen. Und wir wissen, dass es sich bei E um ein Minimum handelt.

Der Graph schmiegt sich an die beiden Asymptoten an.

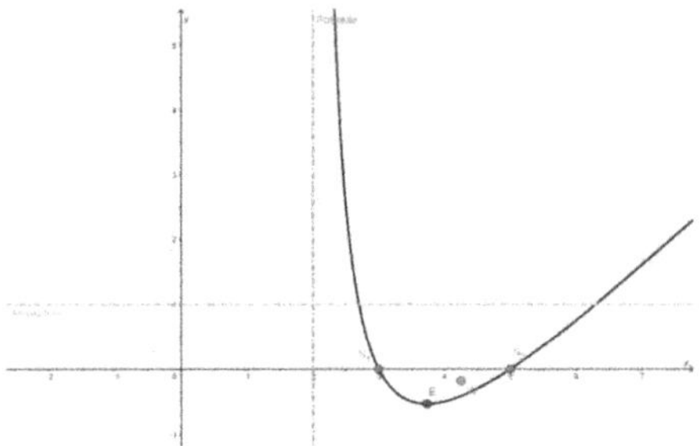

Zum Beispiel: $f(0) = 3.75 \Rightarrow P(0|3.75)$

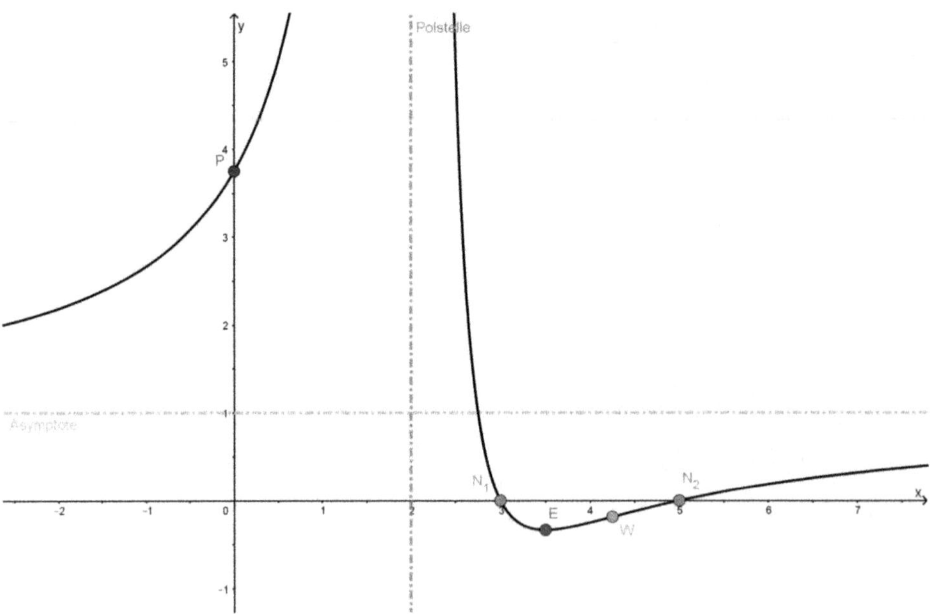

Diskussionen

Aufgabe 16: Diskutiere diese Funktionen vollständig:

a) $f(x) = \dfrac{(2x-8)^2}{x^2 + 2x - 15}$ b) $f(x) = \dfrac{2x^2}{x^2 - 9} + 1$

Aufgabe 17: Diskutiere die folgenden Funktionen vollständig:

Polynome

a) $f(x) = 2x^2 + 4x - 30$ b) $f(x) = \dfrac{1}{6}x^3 + x^2$

c) $f(x) = \dfrac{1}{3}(5-x)\cdot(x+1)^2$ d) $f(x) = -x^4 + x^2$

Wurzelfunktionen

e) $f(x) = \sqrt{x - 4}$

Gebrochen rationale Funktionen

f) $f(x) = \dfrac{2}{x}$ g) $f(x) = \dfrac{6x - 6}{x + 4}$

h) $f(x) = \dfrac{-4x^2}{x - 5}$ i) $f(x) = \dfrac{1}{16} - \dfrac{1}{x^2 - 9}$

Bei den folgenden beiden Aufgaben kannst Du die Gleichung $f''(x) = 0$ nicht einfach lösen.

k) $f(x) = \dfrac{x - 2}{x^2 + 4}$ l) $f(x) = \dfrac{x}{(x - 2)\cdot(x + 3)}$

Exponential- und Logarithmusfunktionen

m) $f(x) = e^x - 10$

n) $f(x) = \ln(3x)$

o) $f(x) = \ln(x^2 - 1)$

Trigonometrische Funktionen

p) $f(x) = \sin(3x + 5)$

q) $f(x) = \tan(x)$

Aufgabe 18: Finde Funktionen, sodass jeweils die angegebenen Bedingungen erfüllt sind:

a) Eine Polynomfunktion $f(x) = a\cdot x^3 + b\cdot x^2 + c\cdot x + d$ geht durch den Ursprung des Koordinatensystems und hat dort einen Wendepunkt. Zudem geht die Funktion durch die Punkte $A(-1\,|\,3)$ und $B(2\,|\,0)$. Bestimme die Funktionsgleichung $f(x)$.

b) Gesucht ist ein Polynom mit genau drei Nullstellen bei $x = 3$, $x = -5$ und $x = 12$.

c) Gesucht ist eine gebrochen rationale Funktion mit genau zwei Polstellen bei $x = -3$ und bei $x = 8$ und genau eine Nullstelle bei $x = 2$.

4. Extremwertaufgaben

Du hast bereits das maximale Volumen einer Papierschachtel berechnet. Auch in vielen anderen Zusammenhängen findet man bestimmten Grössen, bei denen man sich für ihr Maximum (Gewinn, Nutzeffekt etc.) bzw. für ihr Minimum (Energieverbrauch, Kosten, Zeiten, Kraftaufwand, etc.) interessiert. Solche Probleme werden Extremwertaufgaben genannt. Sie lassen sich im Wesentlichen immer nach demselben Schema lösen:

1. Welche Grösse f soll minimal oder maximal werden?
2. Fertige, falls nötig, eine Skizze zum Problem an und stelle die Grösse f als Funktion von Variablen dar.
3. Welche Beziehungen bestehen zwischen den verwendeten Variablen? Drücke die Funktion f durch eine einzige Variable x aus.
4. Bestimme das Maximum oder Minimum der Funktion f(x). Entscheide, welche Art von Extremalstelle vorliegt (Minimum, Maximum).
5. Beantworte die in der Aufgabe gestellten Fragen.

Aufgabe 19: Ein Landwirt möchte angrenzend an seine Scheune ein rechteckiges Stück Land einzäunen. Dabei wird ein Teil der Wand der Scheune benutzt und die anderen drei Seiten des Rechtecks mit einem Zaun begrenzt. Er hat 16 m Zaun zur Verfügung und möchte die eingezäunte Fläche so gross wie möglich machen. Wie ist der Zaun anzulegen, wie gross sind also Breite und Länge des Stücks?

Aufgabe 20: Gegeben sind f und g durch $f(x) = 0.5x^2 + 2$ und $g(x) = x^2 - 2x + 2$. Für welchen x-Wert wird die Summe der Funktionswerte – also $f(x) + g(x)$ – minimal?

Aufgabe 21: Wie klein kann die Summe aus einer positiven Zahl und ihrem Kehrwert werden?

Aufgabe 22: Zerlege die Zahl 12 so in zwei Summanden, dass ihr Produkt möglichst gross wird.

Aufgabe 23: Die Abhängigkeit zwischen den Preisen p_1, bzw. p_2 zweier Produkte und dem Erlös $E(p_1, p_2)$ sei durch die Gleichung $E(p_1, p_2) = 800 \cdot p_1 + 800 \cdot p_2 - 50 \cdot p_1^2 + 40 \cdot p_1 \cdot p_2 - 40 \cdot p_2^2$ (annähernd) beschreibbar. Aufgrund gesetzlicher Preisregelung muss der Preis des zweiten Produktes mit $p_2 = 16$ festgesetzt werden. Wie hoch ist in diesem Fall der maximale Erlös?

Aufgabe 24: Der Marktpreis für ein Buch, von dem x Exemplare hergestellt werden sollen, wird durch $p(x) = 20 - x/5000$ [Preis pro Buch] angegeben. Die Kosten des Verlegers betragen $K(x) = 4000 + 6x + 0.00084x^2$ [Produktions- und Absatzkosten]. Dem Autor wurde eine Umsatzbeteiligung von 20 % zugesprochen. Wie viele Exemplare zu welchem Preis bevorzugt der a) Autor – er will den Umsatz maximieren, welche der b) Verleger – er will den Gewinn maximieren?

Aufgabe 25: In der nebenstehenden Abbildung siehst Du einen Ausschnitt des Graphen von $f(x) = 4 - x^2$, dem ein Rechteck so einbeschrieben wurde, dass zwei Seiten auf der x-beziehungsweise auf der y-Achse liegen und eine Ecke auf dem Graphen. Wie muss das Rechteck gezeichnet werden, damit es einen möglichst grossen Umfang besitzt?

Aufgabe 26: Gegeben ist die Gerade mit der Gleichung $y = a \cdot x - a^2$ mit $0 < a < 6$.

  a) Für welches a schneidet diese Gerade von der Geraden $x = 6$ das längste über der
    x-Achse liegende Stück ab?

  b) Die Gerade begrenzt mit der x-Achse und der Geraden $x = 6$ ein Dreieck. Für welches a
    hat dieses Dreieck den grössten Inhalt?

Aufgabe 27: Dem Abschnitt der Parabel mit der Gleichung $y = 6 - \frac{1}{4} \cdot x^2$, welcher oberhalb der
    x-Achse liegt, ist ein Rechteck a) grössten Umfangs b) grössten Inhalts einzubeschreiben.

Aufgabe 28: Es sollen zylindrische Joghurtbecher mit 220 cm³ Inhalt hergestellt werden, die mit
    einem Aluminiumdeckel verschlossen werden. Der Preis für Aluminiumblech ist fünfmal so
    hoch wie der Preis für das verwendete Plastik. Wie gross sind unter diesen Annahmen der
    Radius und die Höhe des Bechers zu wählen, damit die Materialkosten minimal werden?

Aufgabe 29: Der Abstand s zweier Autos (gemessen zwischen den vorderen Stossstangen), die mit
    der gleichen Geschwindigkeit v hintereinander fahren, setzt sich additiv zusammen aus einem
    von v unabhängigen Mindestabstand $s_1 = 10$ m, einem Sicherheitsabstand $s_2 = v \cdot t$ für den
    Reaktionsweg mit einer Reaktionszeit $t = 1$ s und einem Sicherheitsabstand $s_3 = v^2/(2 \cdot a)$ für
    den Bremsweg (Bremsverzögerung $a = 5$ m/s² auf trockener Fahrbahn).

  a) Welche Zeit vergeht bei der Geschwindigkeit v, bis die beiden Autos die gleiche Stelle
    passiert haben?

  b) Für welche Geschwindigkeit wird die Zeit minimal?

  c) Wie viele Autos passieren dabei pro Stunde eine bestimmte Stelle?

Aufgabe 30: Die Stadt A befindet sich direkt am Meer, die Stadt B in nicht
    leicht zugänglichem Gebiet a km vom Meer entfernt. Die beiden
    Städte kommen überein, eine gemeinsame Meerwasser-Entsalzungs-
    anlage zu bauen. Die Kosten für das Verlegen der Pipeline vom Meer
    weg ins Landesinnere sind pro km doppelt so teuer wie das Verlegen
    der Pipeline (pro km) dem Meer entlang. An welcher Stelle muss die
    Entsalzungsanlage gebaut werden, damit die Kosten für die Pipeline
    möglichst gering ausfallen, wenn $a = 8$ km und $b = 10$ km?

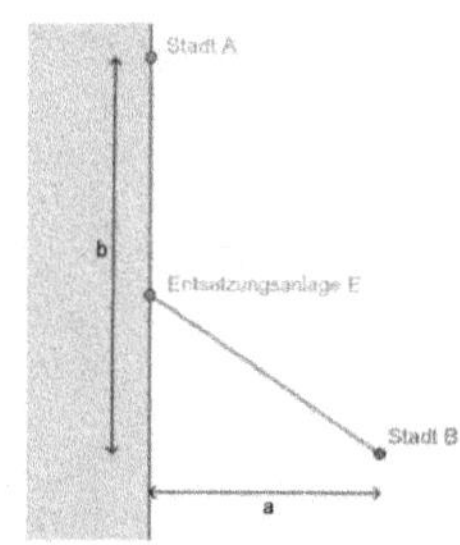

Aufgabe 31: Einem Quadrat mit der Seite $a = 5$ cm ist ein Quadrat kleinsten Inhalts einzube-
    schreiben, dessen Ecken auf den Seiten des gegebenen Quadrates liegen. Wie gross ist diese
    Fläche? Beweise Deine Überlegung mithilfe der Differentialrechnung.

Aufgabe 32: Ein Champagnerglas hat die Form eines Kegels und fasst exakt 1.5 dl (= 150 cm³).
    Wie gross ist die obere Glasöffnung zu wählen, damit bei der Herstellung des Glases mög-
    lichst wenig Material gebraucht wird? Wir nehmen an, dass die Dicke des Glases überall
    gleich gross ist und somit keine Rolle spielt.

Aufgabe 33: Die Tragfähigkeit T eines rechteckigen Balkens der Breite x und der Höhe y lässt sich
    mit $T = \lambda \cdot x \cdot y^2$ (λ ist eine Materialkonstante) berechnen. Aus einem zylindrischen Holzstamm
    mit Durchmesser d soll ein derartiger Balken geschnitzt werden. Wie müssen x und y gewählt
    werden, damit die Tragfähigkeit maximal wird? Welches Verhältnis haben sie?

5. Bewegung und Ableitungen

Die Ableitung der Orts-Zeit-Funktion ist die Geschwindigkeit, die zweite Ableitung ist die Beschleunigung. Die Figur zeigt den freien Fall mit $s(t) = \frac{1}{2} \cdot 9.81 t^2 \approx 5 \cdot t^2$, $v(t) = 10t$, $a(t) = 10$.

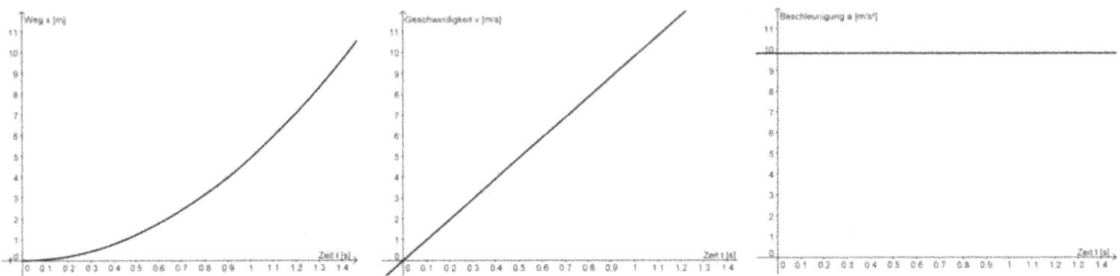

6. Das Newton-Raphson-Verfahren

Gleichungen höheren Grades (Grad > 4) können im Allgemeinen nicht exakt gelöst werden. In vielen Anwendungen genügt jedoch ein Näherungswert für die Lösung der Gleichung. Mit dem Newton – Raphson Verfahren können diese Näherungswerte in vielen Fällen bestimmt werden.

Es sei x_0 die erste Näherung für die gesuchte Nullstelle von f. Einen Wert für x_0 kann man durch eine Vorzeichenbetrachtung oder meist durch eine grobe Skizze des Graphen von f erhalten.

Im Punkt $(x_0|f(x_0)$ legt man die Tangente an den Graphen. Sie schneidet die x-Achse an der Stelle x_1, die einen besseren Näherungswert für die Nullstelle x_N ergibt. Aus der Figur liest man ab:

$$f'(x_0) - \frac{f(x_0)}{x_0 - x_1}$$

also

$$x_0 - x_1 = \frac{f(x_0)}{f'(x_0)}$$

und damit

$$x_1 = x_0 - \frac{f(x_0)}{f'(x_0)}$$

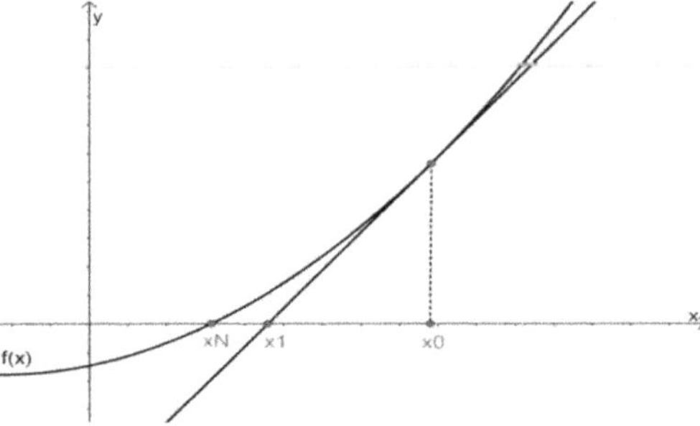

Mit dem so erhaltenen Näherungswert x_1 wird das Verfahren wiederholt. Auf diese Weise bekommt man durch erneute Wiederholungen bessere Näherungswerte x_2, x_3, x_4,... für die Nullstelle x_N:

Startwert: x_0 Rekursion: $x_{n+1} = x_n - \dfrac{f(x_n)}{f'(x_n)}$

Schliesslich wird man einen Wert erhalten, dessen Genauigkeit für die Lösung der betreffenden Gleichung genügend ist. Das Verfahren führt sehr schnell zum Ziel. Es kann jedoch versagen, was aber in der Praxis ganz selten vorkommt. Auf die Frage der Konvergenz und der Güte des Verfahrens (Abschätzung des Fehlers) wollen wir hier nicht eingehen.

Aufgabe 34: Bestimmen mit dem Newton-Raphson-Verfahren die Nullstellen der Funktion
$f(x) = 0.2\, x^3 - 0.6\, x^2 + 2$. Beginne mit dem Startwert $x_0 = -2$.

Lösungen

1. a)   streng monoton steigend   b)   streng monoton steigend
    c)   streng monoton fallend   d)   streng monoton fallend

2. a)   Zwei Extremalstellen
    b)   Minimum T(−1.5|−23.75)   Maximum H(2|62)

3. a) $V = 850 \text{ cm}^3$
    b) $0 \le x \le 10.5$
    c)   etwa 4 cm
    d) $V(x) = x(21 - 2x)\cdot(29 - 2x) = 4x^3 - 100x^2 + 609x$
    e) $V'(x) = 12x^2 - 200x + 609$
         $V'(x) = 0 \Rightarrow x_1 \approx 4.0096 \text{ cm}$
         $\quad\quad\quad (x_2 \approx 12.657 \text{ cm} > 10.5 \text{ cm})$
         Maximales Volumen $V_{max} \approx 1092 \text{ cm}^3$

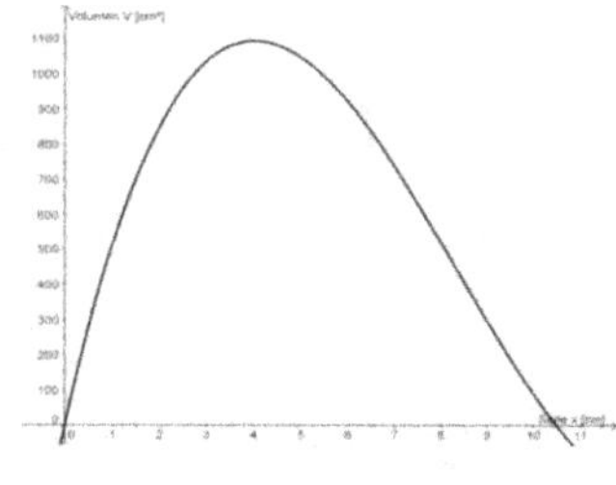

4. *Maximum*
    steigend   Null   fallend   *Minimum:*
    $f'(x) > 0$ $f'(x) = 0$ $f'(x) < 0$ fallend   Null   steigend
                                                  $f'(x) < 0$ $f'(x) = 0$ $f'(x) > 0$

    Terrassenpunkt (1. Situation):   *Terrassenpunkt (2. Situation)*
    steigend   Null   steigend   fallend   Null   fallend
    $f'(x) > 0$ $f'(x) = 0$ $f'(x) > 0$ $f'(x) < 0$ $f'(x) = 0$ $f'(x) < 0$

5. Ein Terrassenpunkt bei S(0|0)

6. Minimum T(1|−7)   Maximum H(0|−6)

7. a)   „Die globale Temperatur nimmt zu!"

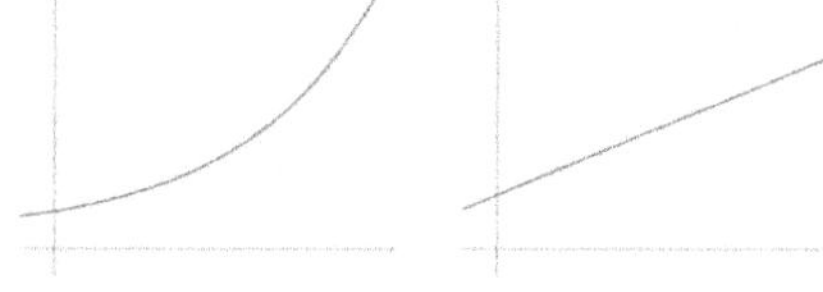

     „Die Zunahme der globalen Temperatur verlangsamt sich."

    b)   „Der Börsenkurs fällt immer schneller."

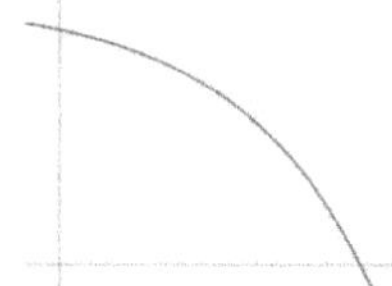

8. Der Graph links unten illustriert den Satz.

9. steigend   steigend
    positive   >   positiv   >
    grösser   kleiner
    zu   ab

10. linksgekrümmt   rechtsgekrümmt

11. Die Ableitung ist bis zum Nullpunkt fallend, von da an steigt sie. Das heisst die Steigung der Ableitung ist bis zum Nullpunkt negativ und dann ist sie positiv. Die Steigung der Steigung ist also bis zum Nullpunkt negativ und darüber ist sie positiv.

12. Bis zur Stelle x = 2 ist die Kurve links- und danach rechtsgekrümmt.
Die Ableitung hat an der Stelle x = 2 eine Extremalstelle, d.h. die Steigung der Steigung ist dort null.
$f''(x) = -6x + 12 = 0 \Rightarrow x = 2$
Eine Stelle, an der das Krümmungsverhalten (von links nach rechts oder umgekehrt) ändert, heisst Wendestelle.

13. $W(-2\,|\,4)$

14. a)　vgl. Abbildung
b)　$f'(x) = 3 \cdot x^2 + 10 \cdot x$
　　$f''(x) = 6 \cdot x + 10$
c)　Extrema: $f'(x) = 0$
　　$\Rightarrow x_1 = 0$ und $f''(x_1) = 10 > 0$
　　$\Rightarrow$ Minimum
　　und
　　$\Rightarrow x_2 = -{}^{10}/_3$ und $f''(x_2) = -10 < 0$
　　$\Rightarrow$ Maximum
d)　$f''(x) = 0 \Rightarrow x_3 = -{}^5/_3$ (Wendestelle)

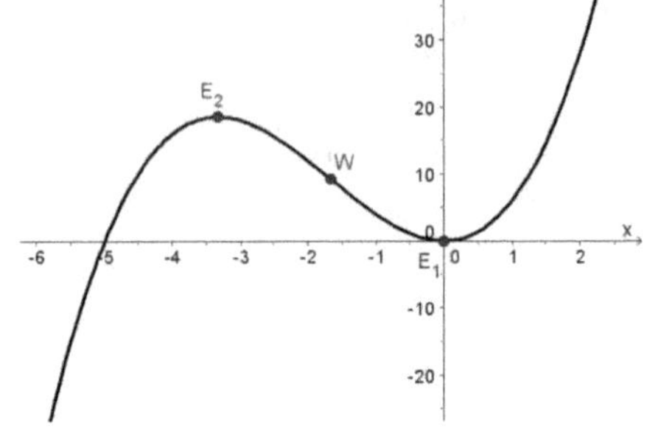

15. a)　f ist an der Stelle x = 3 wachsend
b)　f ist an der Stelle x = 2 fallend
c)　f hat an der Stelle x = 1 eine Extremalstelle
　　(Maximum, Minimum oder Terrassen)
d)　f hat an der Stelle x = 2 einen Wendepunkt
e)　f hat an der Stelle x = 4 ein Minimum
f)　f hat an der Stelle x = -2 ein Maximum

16.　Im Folgenden die vollständigen Diskussionen:

a)　$f'(x) = \dfrac{8\,(x-4)(5x-11)}{(x^2 + 2x - 15)^2}$

　　$f''(x) = \dfrac{-8\,(10x^3 - 93x^2 + 264x - 289)}{(x^2 + 2x - 15)^3}$

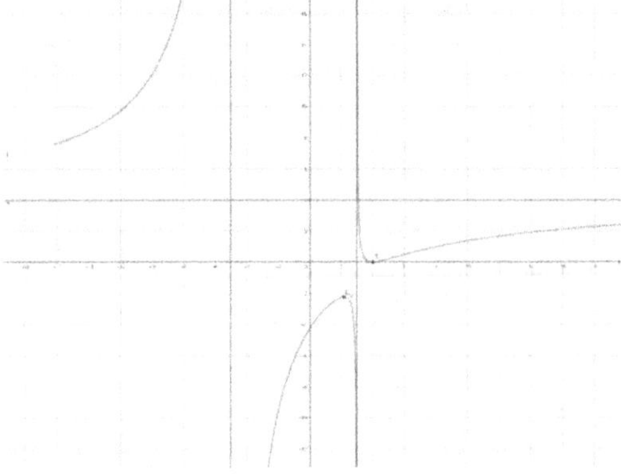

Def.menge:　　$D = \mathbb{R} \setminus \{-5, 3\}$

Nullstellen:　　$N(4\,|\,0)$
Asymptote:　　$y_A = 4$
Polstellen:　　$x_{P1} = -5,\ x_{P2} = 3$
Extrema:　　$E_1(4\,|\,0)$　　　Minimum
　　　　　　$E_2(2.2\,|\,-2.25)$　　Minimum
Wendestellen:　$W(5.4\,|\,0.32)$

b)　$f'(x) = \dfrac{2x\,(x+3)}{(2x+3)^2}$

　　$f''(x) = \dfrac{18}{(2x+3)^3}$

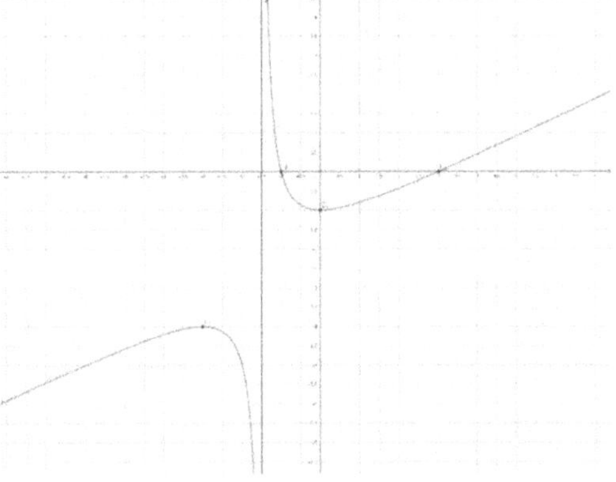

Def.menge:　　$D = \mathbb{R} \setminus \{-\tfrac{3}{2}\}$

Nullstellen:　　$N_1(-1\,|\,0),\ N_2(3\,|\,0)$
Asymptote:　　keine
Polstellen:　　$x_P = -{}^3/_2$
Extrema:　　$E_1(-3\,|\,-4)$　Maximum
　　　　　　$E_2(0\,|\,-1)$　Minimum
Wendestellen:　keine

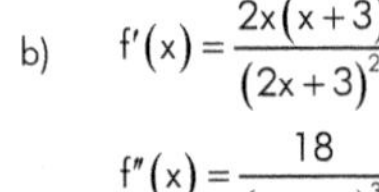

17. Im Folgenden die vollständigen Diskussionen:

a) $f'(x) = 4x + 4$

$f''(x) = 4$

Def.menge:	$D = \mathbb{R}$
Nullstellen:	$N_1(-5\,|\,0)$
	$N_2(3\,|\,0)$
Asymptote:	keine
Polstellen:	keine
Extrema:	$E_1(-1\,|\,-32)$ Minimum
Wendestellen:	keine

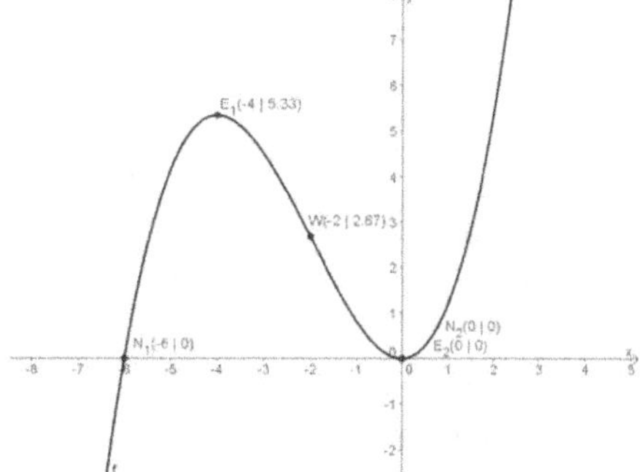

b) $f'(x) = \dfrac{1}{2}x^2 + 2x$

$f''(x) = x + 2$

Def.menge:	$D = \mathbb{R}$
Nullstellen:	$N_1(0\,|\,0)$
	$N_2(-6\,|\,0)$
Asymptote:	keine
Polstellen:	keine
Extrema:	$E_1(0\,|\,0)$ Minimum
	$E_2(-4\,|\,\frac{16}{3})$ Maximum
Wendestellen:	$W(-2\,|\,\frac{8}{3})$

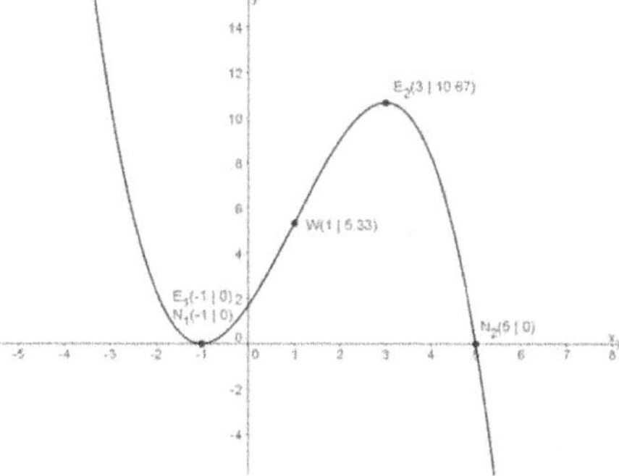

c) $f'(x) = -x^2 + 2x + 3$

$f''(x) = -2x + 2$

Def.menge:	$D = \mathbb{R}$
Nullstellen:	$N_1(5\,|\,0)$
	$N_2(-1\,|\,0)$
Asymptote:	keine
Polstellen:	keine
Extrema:	$E_1(-1\,|\,0)$ Minimum
	$E_2(3\,|\,\frac{32}{3})$ Maximum
Wendestellen:	$W(1\,|\,\frac{16}{3})$

d) $f'(x) = -4x^3 + 2x$

$f''(x) = -12x^2 + 2$

Def.menge: $D = \mathbb{R}$

Nullstellen: $N_1(-1 \mid 0)$

$N_2(0 \mid 0)$

$N_3(1 \mid 0)$

Asymptote: keine

Polstellen: keine

Extrema: $E_1(-\frac{\sqrt{2}}{2} \mid \frac{1}{4})$ Maximum

$E_2(0 \mid 0)$ Minimum

$E_3(\frac{\sqrt{2}}{2} \mid \frac{1}{4})$ Maximum

Wendestellen: $W_1(-\frac{\sqrt{6}}{6} \mid \frac{5}{36})$, $W_2(\frac{\sqrt{6}}{6} \mid \frac{5}{36})$

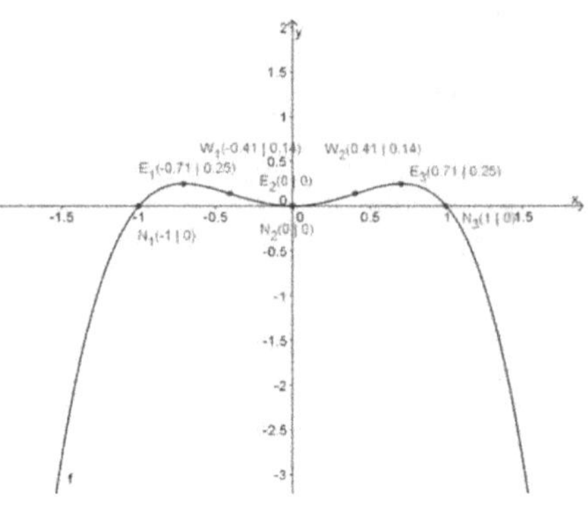

e) $f'(x) = \dfrac{1}{2\sqrt{x-4}}$

$f''(x) = \dfrac{-1}{4(x-4)^{\frac{3}{2}}}$

Def.menge: $D = \{x \in \mathbb{R} \mid x \geq 4\}$

Nullstellen: $N_1(4 \mid 0)$

Asymptote: keine

Polstellen: keine

Extrema: keine

Wendestellen: keine

f) $f'(x) = \dfrac{-2}{x^2}$ $f''(x) = \dfrac{4}{x^3}$

Def.menge: $D = \mathbb{R} \setminus \{0\}$

Nullstellen: keine

Asymptote: $g(x) = 0$

Polstellen: $x_P = 0$

Extrema: keine

Wendestellen: keine

g) $f'(x) = \dfrac{30}{(x+4)^2}$ $f''(x) = \dfrac{-60}{(x+4)^3}$

Def.menge: $D = \mathbb{R} \setminus \{-4\}$

Nullstellen: $N_1(1 \mid 0)$

Asymptote: $g(x) = 6$

Polstellen: $x_P = -4$

Extrema: keine

Wendestellen: keine

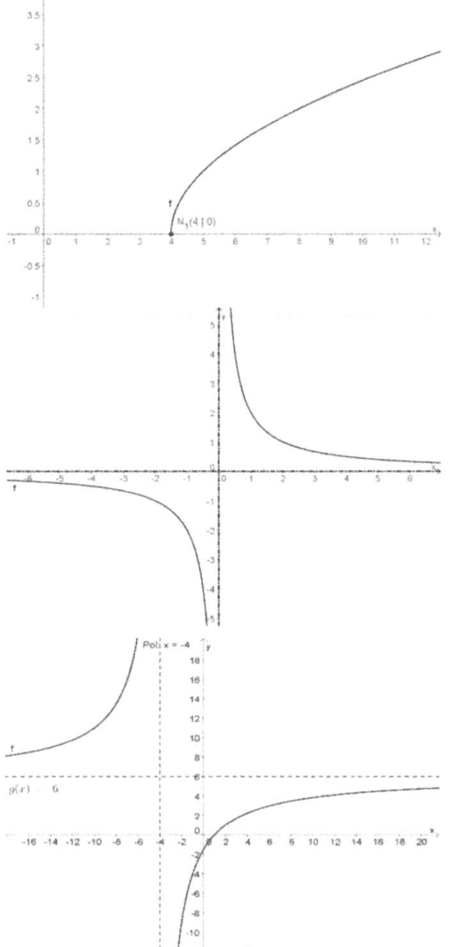

h) $f'(x) = \dfrac{-4x^2 + 40x}{(x-5)^2}$ $f''(x) = \dfrac{-200}{(x-5)^3}$

Def.menge: $D = \mathbb{R} \setminus \{5\}$

Nullstellen: $N_1(0\,|\,0)$

Asymptote: keine horizontale Asymptote

                     $g(x) = -4x - 20$

Polstellen: $x_P = 5$

Extrema: $E_1(0\,|\,0)$ Minimum

                     $E_2(10\,|\,{-80})$ Maximum

Wendestellen: keine

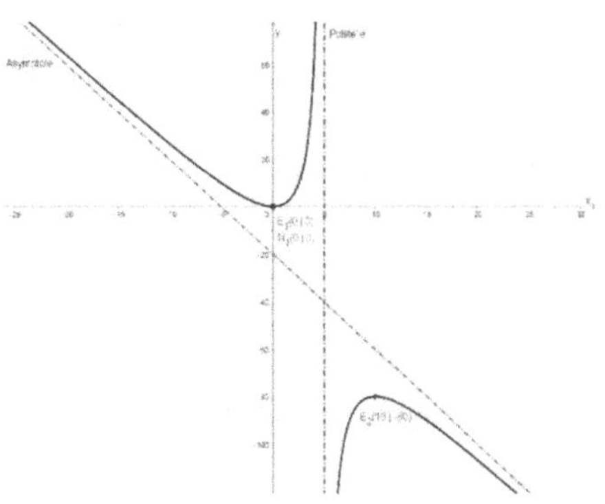

i) $f'(x) = \dfrac{2x}{\left(x^2 - 9\right)^2}$ $f''(x) = \dfrac{-6x^2 - 18}{\left(x^2 - 9\right)^3}$

Def.menge: $D = \mathbb{R} \setminus \{-3, 3\}$

Nullstellen: $N_1(-5\,|\,0)$

                     $N_2(5\,|\,0)$

Asymptote: $g(x) = \dfrac{1}{16}$

Polstellen: $x_{P1} = -3$

                     $x_{P2} = 3$

Extrema: $E_1(0\,|\,\frac{25}{144})$ Minimum

Wendestellen: keine

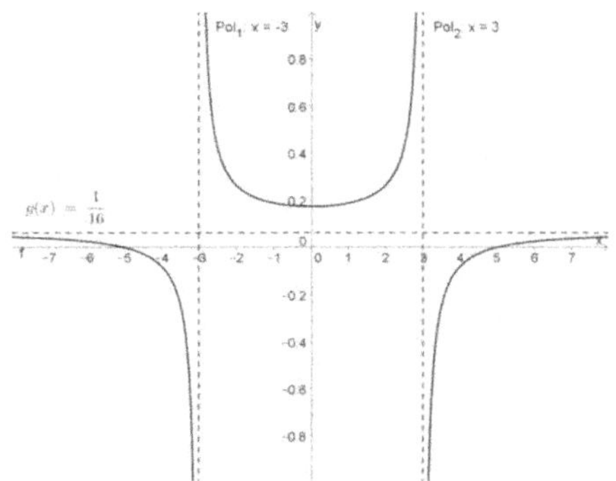

k) $f'(x) = \dfrac{-x^2 + 4x + 4}{\left(x^2 + 4\right)^2}$

$f''(x) = \dfrac{2x^3 - 12x^2 - 24x + 16}{\left(x^2 + 4\right)^3}$

Def.menge: $D = \mathbb{R}$

Nullstellen: $N_1(2\,|\,0)$

Asymptote: $g(x) = 0$

Polstellen: keine

Extrema: $E_1(4.828\,|\,0.104)$ Maximum

                     $E_2(-0.828\,|\,{-0.604})$ Minimum

Wendestellen: $W_1(-2\,|\,{-0.5})$, $W_2(7.464\,|\,0.092)$

                     $W_3(0.536\,|\,{-0.342})$

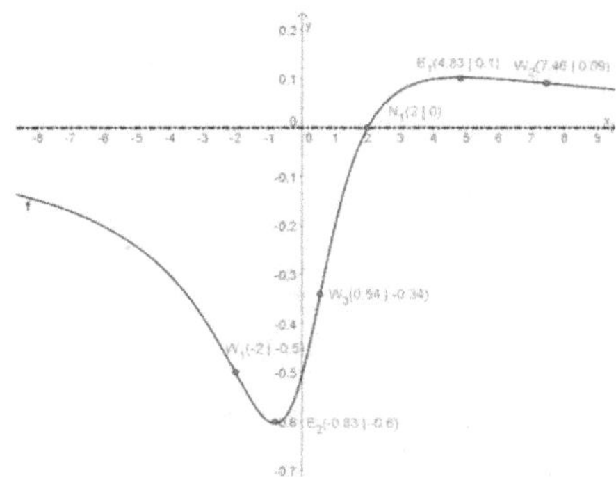

l) $f'(x) = \dfrac{-\left(x^2+6\right)}{(x+3)^2\,(x-2)^2}$

$f''(x) = \dfrac{2x^3+36x+12}{(x+3)^3\,(x-2)^3}$

Def.menge: $D = \mathbb{R}\setminus\{2,-3\}$

Nullstellen: $N_1(0\,|\,0)$

Asymptote: $g(x)=0$

Polstellen: $x_P = 2$ und $x_P = -3$

Extrema: keine

Wendestellen: $W(-0.331\,|\,0.053)$

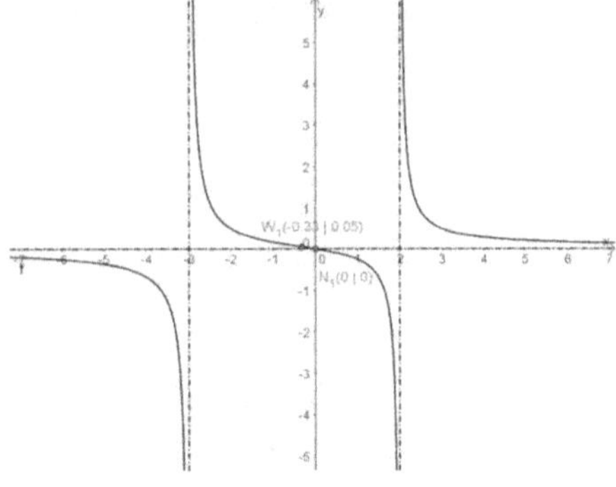

m) $f'(x) = e^x \quad f''(x) = e^x$

Def.menge: $D = \mathbb{R}$

Nullstellen: $N_1(2.303\,|\,0)$

Asymptote: $g(x)=-10$ für $x \to -\infty$

keine Asymptote für $x \to \infty$

Polstellen: keine

Extrema: keine

Wendestellen: keine

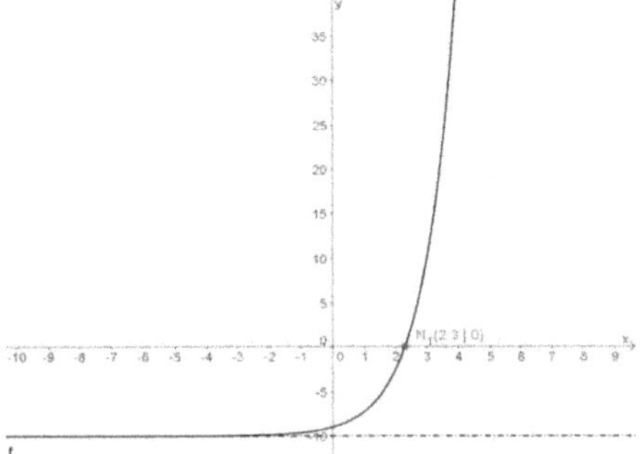

n) $f'(x) = \dfrac{1}{x} \quad f''(x) = -\dfrac{1}{x^2}$

Def.menge: $D = \{x \in \mathbb{R}\,|\,x>0\}$

Nullstellen: $N\left(\dfrac{1}{3}\,\middle|\,0\right)$

Asymptote: keine

Polstellen: $x_P = 0$

Extrema: keine

Wendestellen: keine

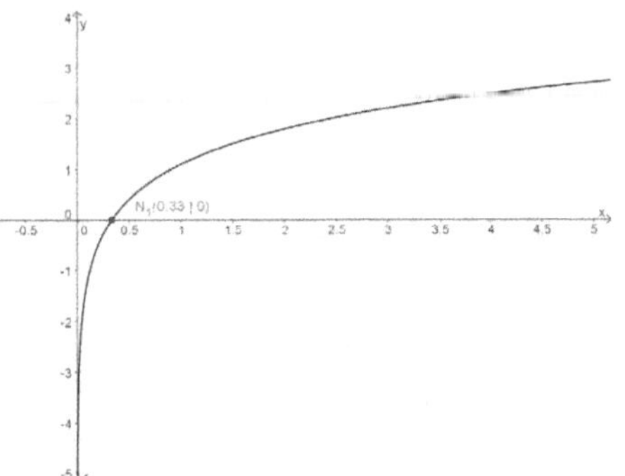

o) $f'(x) = \dfrac{2x}{x^2-1} \quad f''(x) = -\dfrac{2x^2+2}{\left(x^2-1\right)^2}$

Def.menge: $D = \{x \in \mathbb{R}\,|\,|x|>1\}$

Nullstellen: $N_1(-\sqrt{2}\,|\,0)$

$N_2(\sqrt{2}\,|\,0)$

Asymptote: keine

Polstellen: $x_P = -1$ und $x_P = 1$

Extrema: keine

Wendestellen: keine

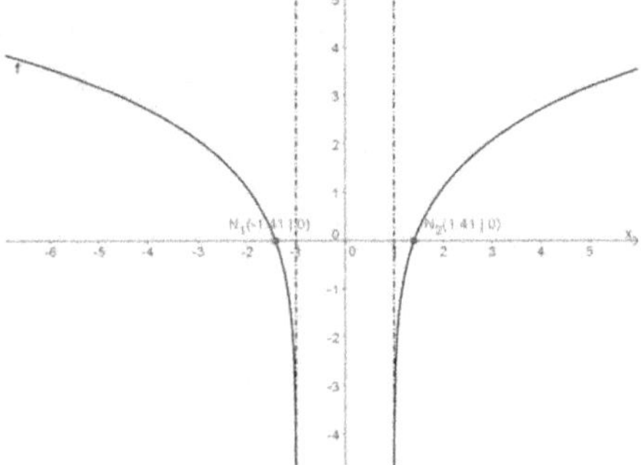

p) $f'(x) = 3\cos(3x+5)$ $f''(x) = -9\sin(3x+5)$

Def.menge: $D = \mathbb{R}$

Nullstellen: $N(-\frac{5}{3}+\frac{1}{3}\cdot\pi\cdot k, k \in \mathbb{Z} \mid 0) =$

$N(24.5° + k\cdot 60°, k \in \mathbb{Z} \mid 0)$

Asymptote: keine

Polstellen: keine

Extrema: $E_1(-1.14+\frac{2}{3}\cdot k\cdot\pi, k \in \mathbb{Z} \mid 1)$ Maximum

$E_2(-2.19+\frac{2}{3}\cdot\pi\cdot k, k \in \mathbb{Z} \mid -1)$ Minimum

Wendestellen: $W(-\frac{5}{3}+\frac{1}{3}\cdot\pi\cdot k, k \in \mathbb{Z} \mid 0)$

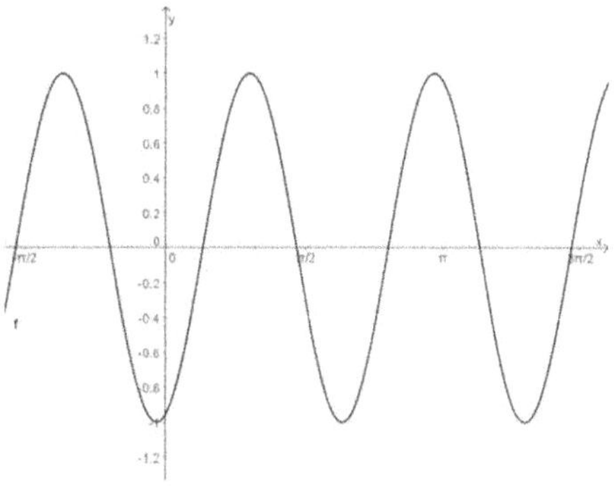

q) $f'(x) = \tan^2(x)+1$ $f''(x) = 2\tan^3(x)+2\tan(x)$

Def.menge: $D = \mathbb{R} \setminus \left\{x = \frac{\pi}{2}+\pi\cdot k, \ k \in \mathbb{Z}\right\}$

$D = \mathbb{R} \setminus \{x = 90°+180°\cdot k, \ k \in \mathbb{Z}\}$

Nullstellen: $N(k\cdot\pi, k \in \mathbb{Z} \mid 0) =$

$N(k\cdot 180°, k \in \mathbb{Z} \mid 0)$

Asymptote: keine

Polstellen: $x_p = \frac{\pi}{2}+\pi\cdot k$ mit $k \in \mathbb{Z}$

$x_p = 90°+180°\cdot k$ mit $k \in \mathbb{Z}$

Extrema: keine

Wendestellen: $W(\pi\cdot k, k \in \mathbb{Z} \mid 0) =$

$(k\cdot 180°, k \in \mathbb{Z} \mid 0)$

18. a) $f(x) = x^3 - 4x$
     b) $f(x) = (x - 3)\cdot(x + 5)\cdot(x - 12) = x^3 - 10x^2 - 39x + 180$
     c) $f(x) = (x - 2)\cdot[(x + 3)\cdot(x - 8)]^{-1}$

19. Breite = 4 m   (senkrecht zur Wand)
     Länge = 8 m   (entlang der Wand)

20. $x = \frac{2}{3}$

21. Die Zahl ist 1.
     Die kleinste Summe beträgt 2.

22. Die beiden Summanden sind 6.

23. 12'928

24. a)   50'000 à 10.00 CHF
     b)   6'731 à 18.65 CHF

25. $x = 0.5$, $y = 3.75$

26. a) $a = 3$; $L(3) = 9$
     b) $a = 2$; $A(2) = 16$

27. a) $U(4) = 20$
     b) $A(\sqrt{8}) = 16\cdot\sqrt{2}$

28. $r = 2.27$cm und $h = 13.61$cm

29. a) $t(v) = 1 + v/10 + 10/v$
     b) $v = 10$ m/s
     c)   1'200 Autos

30. $x = 5.38$ km

31. $A = 12.5$ cm^2

32. $d = 9.32$ cm

33. $x = \dfrac{d}{\sqrt{3}}$; $y = \dfrac{\sqrt{6}\cdot d}{3}$; $\dfrac{x}{y} = \dfrac{\sqrt{2}}{2} = \dfrac{1}{\sqrt{2}}$

34. $x_0 = -2$
     $x_1 = -1.583333\ldots$
     $x_2 = -1.495784\ldots$
     $x_3 = -1.492040\ldots$
     $x_4 = -1.492033\ldots$
     $\downarrow$
     $x_N = -1.49203330117\ldots$

Analysis
Integralrechnung

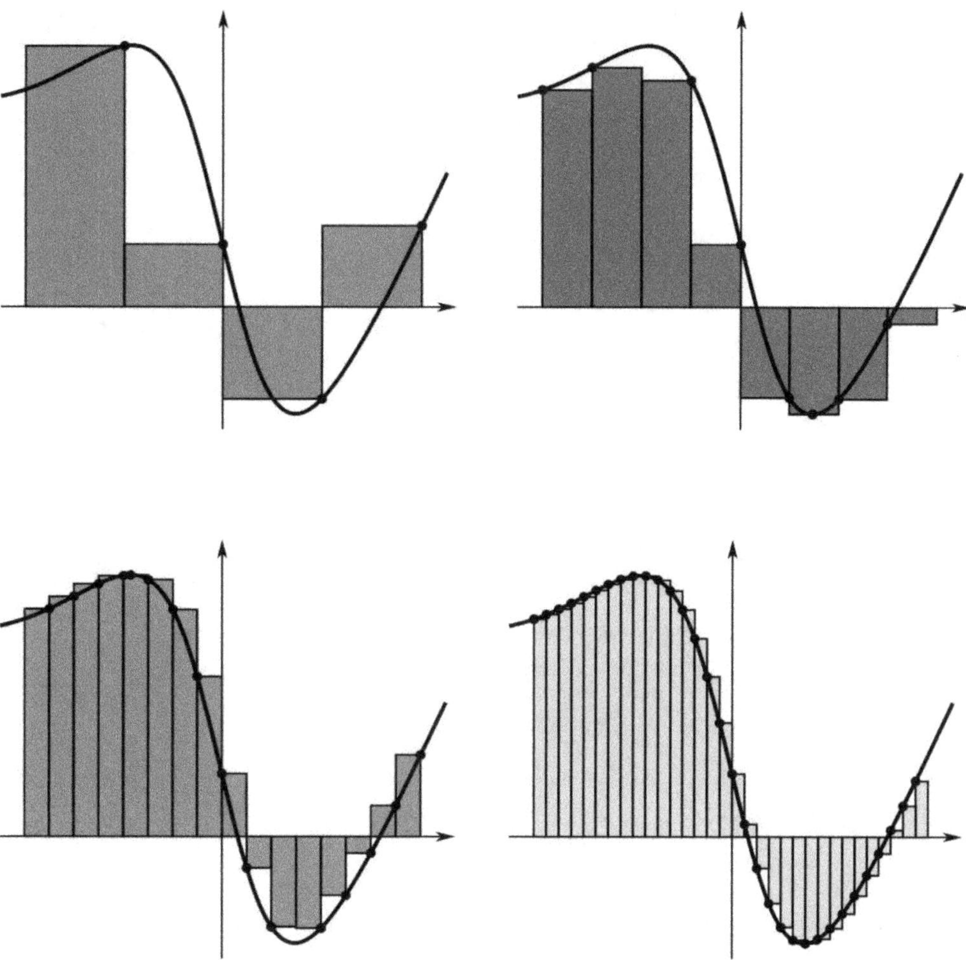

Eine der wichtigsten Aufgaben der Integralrechnung besteht darin, den Inhalt eines beliebigen, ebenen Flächenstücks zu berechnen; dies insbesondere von Flächen, die nicht durch Strecken, sondern durch krumme Linien begrenzt sind. Das Problem der Flächenberechnung führt zu einem neuen Grundbegriff, dem bestimmten Integral. Mit Hilfe dieses Begriffs lassen sich zahlreiche weitere Probleme lösen, z.B. die Berechnung von Rauminhalten, Bogenlängen, Oberflächen, Schwerpunkten etc. Im Gegensatz zur Differentialrechnung, wurden solche Flächen bereits in der Antike berechnet.

1. Das unbestimmte Integral

Die Stammfunktion

Ist eine Funktion $f(x)$ gegeben, so können wir ihre Ableitung $f'(x)$ berechnen. Zum Beispiel:

Gegeben:		Gesucht:
Funktion $f(x)$	$\longrightarrow$	Ableitung $f'(x)$
$f(x) = x^2$	$\longrightarrow$	$f'(x) = 2x$
$f(x) = x^3 - 5x + 3$	$\longrightarrow$	$f'(x) = x^2 - 5$
$f(x) = 18$	$\longrightarrow$	$f'(x) = 0$

Umgekehrt können wir zu einer Ableitungsfunktion $f'(x)$ die dazugehörige Funktion $f(x)$ suchen.

Gegeben:		Gesucht:
Ableitung $f'(x)$	$\longrightarrow$	Funktion $f(x)$
$f'(x) = 2x$	$\longrightarrow$	$f(x) = x^2 + C$
$f'(x) = 3x^2 - 5$	$\longrightarrow$	$f(x) = x^3 - 5x + C$
$f'(x) = 0$	$\longrightarrow$	$f(x) = C$

Definition: Die Umkehrung der Ableitung heisst **unbestimmtes Integral**.

Definition: Als Stammfunktion $F(x)$ einer Funktion $f(x)$ bezeichnen wir diejenige Funktion $F(x)$, deren Ableitung $F'(x)$ wiederum die ursprüngliche Funktion $f(x)$ ist.

Ist $F(x)$ **Stammfunktion** von $f(x)$, gilt also: $F'(x) = f(x)$

Die Stammfunktion $F(x)$ einer Funktion $f(x)$ finden wir also durch die Umkehrung der Ableitung[1], durch das Integral.

Beim Ableiten geht Information verloren. Ein konstanter Summand verschwindet beim Ableiten. Ist die Ableitung einer Funktion $f'(x)$ bekannt, so kann die Funktion $f(x)$ nicht eindeutig bestimmt werden. So ist zum Beispiel $f'(x) = 0$ die Ableitung von $f(x) = 5$, aber auch von $f(x) = -12$ oder $f(x) = 17$.

---

[1] Man könnte das Integrieren auch als „Aufleiten" bezeichnen. Dieser Ausdruck ist jedoch nicht gebräuchlich.

Satz: Die Umkehrung der Ableitung ist **nicht eindeutig** – eine Funktion f(x) hat also mehrere Stammfunktionen F(x). Diese Stammfunktionen unterscheiden sich nur in einem konstanten *Summanden*. C. Ist F(x) eine Stammfunktion von f(x), so ist auch F(x) + C eine Stammfunktionen von f(x). Eine Funktion hat also *unendlich* viele Stammfunktionen.

Beweis:

$$F'(x) = f(x)$$
$$(F(x) + C)' = F'(x) + C' = F'(x) = f(x) \qquad \square !$$

Notation: Ist F(x) eine Stammfunktion von f(x),

$$F'(x) = f(x) \quad \Leftrightarrow \quad \int f(x)\,dx = F(x) + C$$

so gilt: $\quad \int f'(x)\,dx = F(x)$

oder $\quad \left(\int f(x)\,dx\right)' = F(x)$

wobei $\quad C \in \mathbb{R}$ Integrationskonstante genannt wird.

Berechnung von unbestimmten Integralen

Einige Grundintegrale

Aufgabe 1: Du kannst ja bereits Funktionen f(x) ableiten. Finde nun durch Raten und Ausprobieren die Stammfunktion F(x). Prüfe anschliessend Dein Ergebnis durch Ableiten. Versuche bei jeder Teilaufgabe, jeweils eine allgemeine Regel aufzustellen.

Lineare Funktionen

a) $\int 5\,dx$ b) $\int c\,dx$ c) $\int 3x\,dx$

d) $\int -2x\,dx$ e) $\int c \cdot x + 2\,dx$ f) $\int mx + q\,dx$

Ganzzahlige Potenzen

g) $\int x\,dx$ h) $\int \frac{1}{2}x\,dx$ i) $\int c \cdot x\,dx$

j) $\int x^2\,dx$ k) $\int x^3\,dx$ l) $\int x^r\,dx$

Potenz mit negativen Exponenten. Was fällt Dir auf?

m) $\int \frac{1}{x^4}\,dx$ n) $\int \frac{1}{x^3}\,dx$ o) $\int \frac{1}{x}\,dx$

Wir haben soeben die ersten Integrationsregeln gefunden:

Spezielle unbestimmte Integrale (die Integrationskonstante ist weggelassen).

$$\int c\,dx = c\cdot x \qquad (c = konst) \qquad \text{zum Beispiel} \qquad \int 8\,dx = \underline{8x}$$

$$\int c\cdot x\,dx = \frac{c}{2}\cdot x^2 \qquad (c = konst) \qquad \text{zum Beispiel} \qquad \int 5\cdot x\,dx = \underline{5/2\,x^2}$$

$$\int x^r\,dx = \frac{1}{r+1}x^{r+1} \qquad (r \neq -1) \qquad \text{zum Beispiel} \qquad \int x^3\,dx = \underline{1/4\,x^4}$$

$$\int \frac{1}{x}\,dx = \ln|x| \qquad (x \neq 0)$$

Aufgabe 2: Bestimme mit diesen Regeln die folgenden Integrale:

a) $\displaystyle\int x^8\,dx$ b) $\displaystyle\int x^{-3}\,dx$

c) $\displaystyle\int x^{\frac{5}{3}}\,dx$ d) $\displaystyle\int \sqrt{x}\,dx$

e) $\displaystyle\int \frac{1}{\sqrt[3]{x}}\,dx$ f) $\displaystyle\int x^2\sqrt{\sqrt[3]{x^6}}\,dx$

Aufgabe 3: Spezialfälle

a) Das Integral $\int 1\,dx$ kann mit den beiden Regeln $\int c\,dx = c\cdot x$ und $\int x^r\,dx = \frac{1}{r+1}x^{r+1}$ berechnet werden. Zeige, dass beide Wege zum selben Resultat führen.

b) Das Integral $\int x\,dx$ kann mit den beiden Regeln $\int c\cdot x\,dx = \frac{c}{2}\cdot x^2$ und $\int x^r\,dx = \frac{1}{r+1}x^{r+1}$ berechnet werden. Zeige, dass beide Wege zum selben Resultat führen.

c) Versuche, das Integral $\int x^{-1}\,dx$ mit der Regel $\int x^r\,dx = \frac{1}{r+1}x^{r+1}$ zu lösen. Was stellst Du fest? Mit welcher Regel kannst Du dieses Integral lösen?

Integrale elementarer Funktionen

Spezielle unbestimmte Integrale

$$\int a \, dx = a \cdot x + C \qquad (a = \text{kons}\,t) \qquad\qquad \int a \cdot x \, dx = \frac{a}{2} \cdot x^2 + C \qquad (a = \text{kons}\,t)$$

$$\int x^s \, dx = \frac{1}{s+1} x^{s+1} + C \quad (s \neq -1) \qquad\qquad \int \frac{1}{x} \, dx = \ln|x| \qquad\qquad (x \neq 0)$$

$$\int a^x \, dx = \frac{1}{\ln a} a^x + C \qquad\qquad\qquad \int e^{k \cdot x} \, dx = \frac{1}{k} e^{k \cdot x} + C \qquad (k = \text{konst.})$$

$$\int \ln|x| \, dx = x \cdot \left(\ln|x| - 1\right) + C \qquad\qquad \int \log_a |x| \, dx = x \cdot \left(\log_a |x| - \log_a e\right) + C$$

$$\int \sin(x) \, dx = -\cos(x) + C \qquad\qquad\qquad \int \cos(x) \, dx = \sin(x) + C$$

Summen- und Konstantenregel

Die Summenregel

$$\int \left[f(x) + g(x)\right] dx = \int f(x) \, dx + \int g(x) \, dx$$

Die Konstantenregel

$$\int \left[c \cdot f(x)\right] dx = c \cdot \int f(x) \, dx \qquad \text{mit} \qquad c \in \mathbb{R}$$

Der Beweis der Summenregel ist mithilfe der Summenregel der Differentialrechnung und der Definition des unbestimmten Integrals direkt ersichtlich:

$$\left(\int f(x) + g(x) \, dx\right)' = f(x) - g(x) = \int f(x)\,dx' + \int g(x)\,dx' = \left[\int f(x)\,dx + \int g(x)\,dx\right]'$$

also

$$\int f(x) + g(x) \, dx = \int f(x)\,dx + \int g(x)\,dx \qquad\qquad \square.$$

Die Konstantenregel zeigen wir analog:

$$\left(\int c \cdot f(x) \, dx\right)' = c \cdot f'(x) = c \cdot \int f(x)\,dx' = \left[c \cdot \int f(x)\,dx\right]'$$

ergo

$$\int c \cdot f(x) \, dx = c \int f(x)\,dx \qquad\qquad \square.$$

Aufgabe 4: Überprüfe durch Ableiten in mindestens vier Fällen, ob die Integrationsregeln für die elementaren Funktionen stimmen.

Aufgabe 5: Berechne die folgenden unbestimmten Integrale, d.h. bestimme die Stammfunktion.

a) $\int 3x\,dx$

b) $\int t^3\,dt$

c) $\int a\cdot t^2\,dt$

d) $\int 3x^2 - 2x + 3\,dx$

e) $\int 6\sqrt{x}\,dx$

f) $\int \sqrt{z} - \sqrt[3]{z}\,dz$

g) $\int \dfrac{3t^4 - 3t^2 + 5t - 7}{4t^2}\,dt$

h) $\int (ax+b)\cdot(ax-b)\,dx$

i) $\int 2\sin(x) - 3\cos(x)\,dx$

j) $\int 2\cdot e^z\,dz$

k) $\int 3e^{-3z}\,dz$

l) $\int 2e^u - e^{2u}\,du$

m) $\int 5^t\,dt$

n) $\int 6^{2x}\,dx$

o) $\int 4^{z+5}\,dz$

p) $\int 8\sin(x) + \dfrac{4}{\sqrt{2x}}\,dx$

Aufgabe 6: Welche Stammfunktion der Funktion $f: y = 1 - 2x^2 + x^3$ nimmt an der Stelle $x = 1$ den Funktionswert 2 an?

Aufgabe 7: Ermittle die Funktion, deren Graph durch den Punkt $P(3\,|{-}4)$ geht und deren Steigungsfunktion $f'(x) = 2x(x - 3)$ ist.

Aufgabe 8: Die Funktion $f:\ y = x - \cos(x)$ hat eine Stammfunktion, deren Graph durch den Punkt $P(\pi\,|\,0.5\pi^2)$ geht. Gib diese Stammfunktion F an.

Aufgabe 9: Bestimme die Funktionen $f(x)$ unter Berücksichtigung der Bedingungen:

a) $f''(x) = 2x$ wobei $f'(2) = 8$ und $f(-2) = -8$

b) $f''(x) = \sin(x)$ wobei $f'(-\pi) = 1$ und $f(\pi/2) = 0$

c) $f''(x) = \dfrac{1}{\sqrt{x}}$ wobei $f'(9) = 2$ und $f(1) = 2\cdot f(4)$

d) $f''(x) = (x+1)\cdot(x-2)$ wobei $f(1) = 8$ und $f(-1) = -4$

Partielle Integration

Um bei Produkttermen wie $x \cdot e^x$, $x \cdot \sin(x)$ oder $\ln^2(x)$ eine Stammfunktion zu ermitteln, greifen wir zunächst auf die Produktregel der Differentialrechnung zurück. Für Funktionen $f(x) = u(x) \cdot v(x)$ gilt

$$\left[u(x) \cdot v(x)\right]' = u'(x) \cdot v(x) + u(x) \cdot v'(x)$$

Durch beidseitige Integration folgt hieraus:

$$\int \left[u(x) \cdot v(x)\right]' \, dx = \int u'(x) \cdot v(x) \, dx + \int u(x) \cdot v'(x) \, dx$$

$$u(x) \cdot v(x) = \int u'(x) \cdot v(x) \, dx + \int u(x) \cdot v'(x) \, dx$$

Durch Umformen dieser Gleichung erhält man die Regel für die partielle Integration:

Partielle Integration

$$\int u'(x) \cdot v(x) \, dx = u(x) \cdot v(x) - \int u(x) \cdot v'(x) \, dx$$

Aufgabe 10: Berechne folgende Integrale:

a) $\displaystyle\int x \cdot e^x \, dx$

b) $\displaystyle\int x \cdot \sin(x) \, dx$

c) $\displaystyle\int x \cdot \ln(x) \, dx$

d) $\displaystyle\int \sin^2(x) \, dx$

e) $\displaystyle\int \ln(x) \, dx = \int 1 \cdot \ln(x) \, dx$

f) $\displaystyle\int \frac{\ln(x)}{x} \, dx$

g) $\displaystyle\int \ln^2(x) \, dx$

h) $\displaystyle\int \cos(x) \cdot e^x \, dx$

i) $\displaystyle\int x^2 \cdot \ln(x) \, dx$

k) $\displaystyle\int \frac{\sin(x)}{e^x} \, dx$

l) $\displaystyle\int \sin^3(x) \, dx$

Integration durch Substitution

Viele der in den Anwendungen auftretenden Integrale lassen sich mit Hilfe einer geeigneten Substitution auf einfachere Integrale zurückführen. Ein Beispiel:

$$\int (2x+1)^4 \, dx \; = \; ?$$

Durch die Substitution $u = 2x+1$ lässt sich der Integrand zunächst vereinfachen. Dabei ist aber zu beachten, dass auch die Grösse dx in der neuen Variablen u ausgedrückt werden muss.

Dies kann durch den Ansatz $u' = \dfrac{du}{dx} = 2$, geschehen. Somit ist $dx = \dfrac{du}{2}$.

Die vollständige Substitution besteht dann aus den beiden Gleichungen $u = 2x+1$ und $dx = \dfrac{du}{2}$.

Unter Verwendung dieser Beziehungen geht das unbestimmte Integral $\int (2x+1)^4 \, dx$ über in ein elementar lösbares Integral:

$$\int (2x+1)^4 \, dx \; = \; \int u^4 \frac{du}{2} \; = \; \frac{1}{2} \cdot \int u^4 du \; = \; \frac{1}{2} \cdot \frac{u^5}{5} + C.$$

Nach der Rücksubstitution erhält man schliesslich: $\int (2x+1)^4 \, dx \; = \; \frac{1}{10}(2x+1)^5 + C.$

Berechnung des Integrals mittels einer geeigneten *Substitution:*

- Aufstellen der Substitutionsgleichungen:

$$u = g(x) \qquad \frac{du}{dx} = g'(x) \qquad dx = \frac{du}{g'(x)}$$

- Durchführung der Integralsubstitution durch Ersetzen der Substitutionsgleichungen in das vorgegebene Integral: $\int f(x)\,dx = \int z(u)\,du$

  Der neue Integrand ist eine neue Funktion z(u). Das neue Integral enthält nur noch die neue Variable u und deren Differential du, nicht jedoch x oder dx.

- Integration: $\int z(u)\,du = Z(u)$, dabei ist $Z(u)$ Stammfunktion von $z(u)$.

- Rücksubstitution: $\int f(x)\,dx = Z(u) = Z(u(x)) = F(x)$. Die gefunden Funktion F(x) ist die Stammfunktion von f(x).

Aufgabe 11: Löse die folgenden Integrale durch eine geeignete Substitution. Oft ist es schwierig, eine geeignete Substitution zu finden. Bei den Teilaufgaben a bis d ist dies noch recht einfach. Findest Du bei e bis h die Substitution nicht, so gibt es bei den Lösungen Tipps dazu.

a) $\int \sqrt{5x+12} \, dx$
b) $\int (3x+5)^3 dx$
c) $\int e^{4x-3} dx$
d) $\int 4\sin(2x-4)dx$

e) $\int \dfrac{x}{x^2+1} dx$
f) $\int \dfrac{\sin(x)}{\cos^4(x)} dx$
g) $\int \tan(x)dx$
h) $\int \sqrt{1-x^2}\,dx$

---

2. Das bestimmte Integral

Aufgabe 12: Berechne die zurückgelegte Strecke s.

   a) Berechne in der linken Figur die in der Zeit von 0 bis 2 h zurückgelegte Strecke s.

   b) Bestimme in der rechten Figur die in der Zeit von 0 bis 2 h zurückgelegte Strecke s.

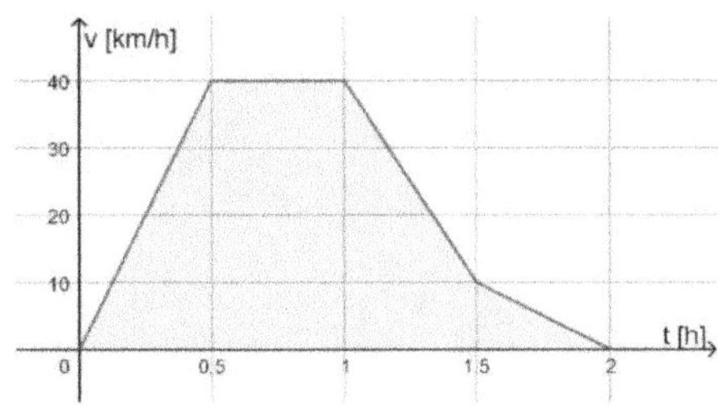
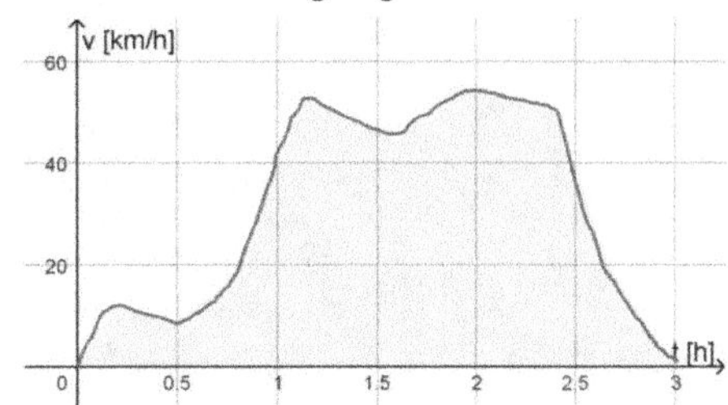

In diesem Kapitel widmen wir uns einer anderen mathematischen Aufgabe, die scheinbar nichts mit dem obigen Integral zu tun hat: Wir berechnen Flächen unter Funktionen. Dies kann im Allgemeinen recht kompliziert werden, da die Flächen krummlinig begrenzt sein können.

Die gesuchte Fläche A wird durch die Funktionskurve und die x-Achse begrenzt. Zudem wählen wir eine untere Grenze a und eine obere Grenze b der Fläche auf der x-Achse.

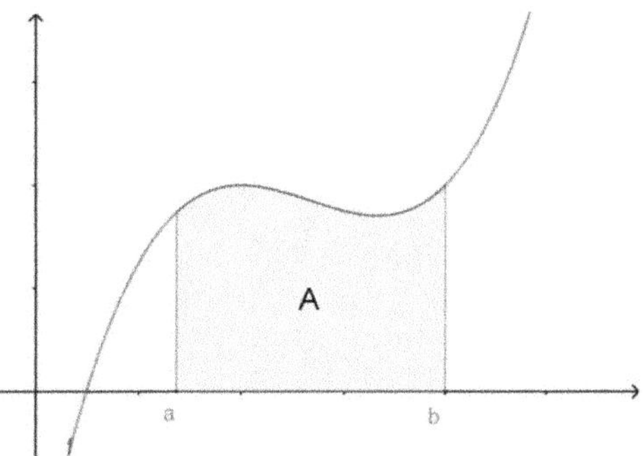

Definition: Den (orientierten[2]) Flächeninhalt A zwischen den Grenzen a und b, dem Funktionsgraphen f(x) und der x-Achse nennen wir **bestimmtes Integral**. Wir schreiben:

$$A = \int_a^b f(x)\, dx$$

gelesen: „Integral der Funktion f(x) von
           a bis b"

wobei: f(x): Integrand, x: Integrationsvariable,
          a, b: Integrationsgrenzen

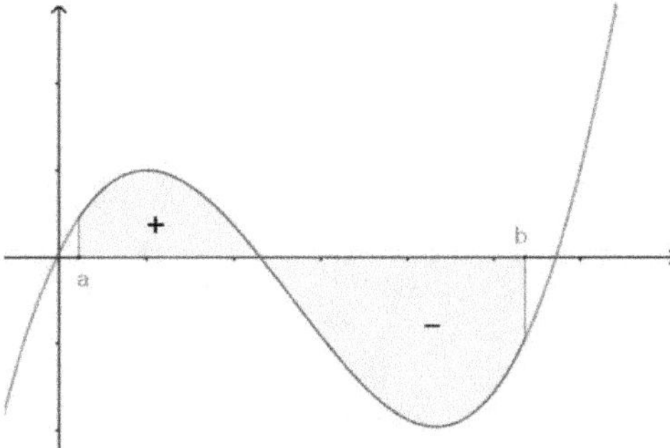

Flächen unterhalb der x-Achse werden subtrahiert, da dort der Funktionswert f(x) negativ ist[3].

---

[2]   Der Flächeninhalt wird als orientiert bezeichnet, da das Vorzeichen angibt, ob der Inhalt rechts- (positiv) oder linksdrehend (negativ) orientiert ist.

[3]   Das Vorzeichen ist zur Berechnung von Nettoflüssen und ähnlichen Prozessen von Vorteil. Um den geometrischen Flächeninhalt zu berechnen, werden wir jedoch unterschiedliche Fälle betrachten müssen.

Einige bestimmte Integrale

Aufgabe 13: Berechne die folgenden Integrale. Diese Integrale kannst Du durch Berechnungen der Flächen mit einfachen geometrischen Überlegungen berechnen.

Konstante Funktionen

a) $\displaystyle\int_{-2}^{7} 5\,dx$

b) $\displaystyle\int_{0}^{7} c\,dx$

c) $\displaystyle\int_{2}^{7} -5\,dw$

d) $\displaystyle\int_{0}^{x} c\,dz$

Lineare Funktionen

e) $\displaystyle\int_{0}^{6} x\,dx$

f) $\displaystyle\int_{2}^{6} x\,dx$

g) $\displaystyle\int_{-4}^{6} x\,dx$

h) $\displaystyle\int_{-6}^{6} x\,dx$

i) $\displaystyle\int_{0}^{6} 2x\,dx$

k) $\displaystyle\int_{0}^{6} -2x\,dx$

l) $\displaystyle\int_{0}^{6} 5x\,dx$

m) $\displaystyle\int_{0}^{6} cz\,dz$

n) $\displaystyle\int_{0}^{x} cz\,dz$

o) $\displaystyle\int_{2}^{6} 3z + 2\,dz$

Antisymmetrische Funktionen

p) $\displaystyle\int_{-7}^{7} x\,dx$

q) $\displaystyle\int_{-4}^{4} x^{3} - x\,dx$

r) $\displaystyle\int_{-c}^{c} x^{5}\,dx$

s) $\displaystyle\int_{-7}^{7} \sin(x)\,dx$

Abschnittsweise stetige Funktionen

t) $\displaystyle\int_{-4}^{4} |x| + \frac{|x|}{x}\,dx$

u) $\displaystyle\int_{-4}^{4} \frac{|x|}{x} + \frac{|x-2|}{x-2}\,dx$

Aufgabe 14: Berechne die folgenden Integrale. Wie sieht die Funktion aus? Wie könntest Du in diesem Fall die Fläche berechnen oder zumindest näherungsweise berechnen?

a) $\displaystyle\int_{0}^{1} x^{2}\,dx$

b) $\displaystyle\int_{1}^{16} \sqrt{x}\,dx$

Ober- und Untersumme

Aufgabe 15: Gegeben ist die Funktion $f : y = x^2$.

Berechne den Inhalt A desjenigen Flächenstücks, das vom Graphen von f, von der x-Achse und von der Geraden mit Gleichung $x = 1$ eingeschlossen ist. Gehe wie folgt vor:

a) Zerlege das Intervall [0, 1] in $n = 4$ Teilintervalle der Länge ¼.

Errichte über jedem Teilintervall das kleinste Rechteck so, dass die Fläche unter dem Funktionsgraphen von den Rechtecken überdeckt wird (vgl. Figur). Berechne die Summe der Flächeninhalte der vier Rechtecke. Diese Summe wird vierte Obersumme $\overline{A}_4$ genannt. Notiere das Ergebnis als gemeinen Bruch.

b) Errichte über jedem Teilintervall das grösste Rechteck, das vollständig in der Fläche unter dem Funktionsgraphen enthalten ist (vgl. Figur).

Berechne die Summe der Flächeninhalte der vier Rechtecke. Diese Summe wird vierte Untersumme $\underline{A}_4$ genannt. Notiere das Ergebnis als gemeinen Bruch.

c) Berechne auf dieselbe Art die Obersumme $\overline{A}_8$ und die Untersumme $\underline{A}_8$.

d) Berechne nun $\overline{A}_n$ und $\underline{A}_n$. Bei der algebraischen Vereinfachung der Summen benötigt man die Formel für die n-te Partialsumme der Folge der Quadratzahlen. Diese Formel findet man in der Formelsammlung.

e) Welche Grenzwerte nehmen $\overline{A}_n$ bzw. $\underline{A}_n$ an, wenn n gegen unendlich strebt?

f) Wie gross ist der Flächeninhalt unter dem Funktionsgraphen exakt?

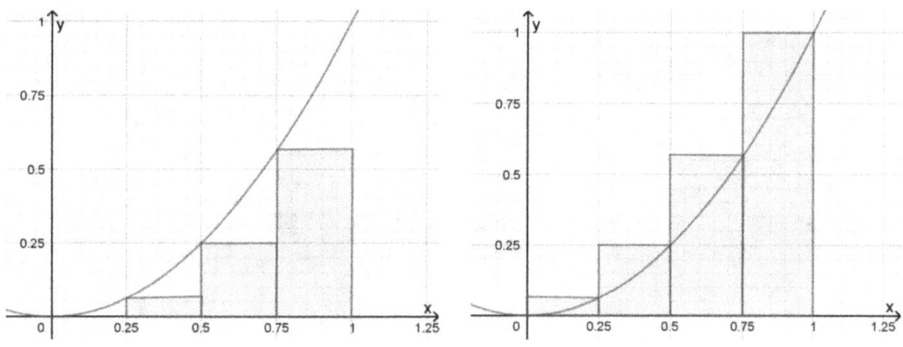

Um den Flächeninhalt unter der Funktion f im Intervall [a, b] zu berechnen, teilt man das Intervall in gleichbreite Flächenstreifen mit der Breite Δx auf. Die Höhe der Streifen ist durch f(x) gegeben. Addiert man jeweils die Flächenstreifen, so erhält man die Näherungsflächen $\underline{A}$ (Untersumme) und $\overline{A}$ (Obersumme). Die gesuchte Fläche A liegt zwischen den beiden Näherungsflächen, nämlich der Untersumme $\underline{A}$ und der Obersumme $\overline{A}$, das heisst $\underline{A} < A < \overline{A}$.

Definition: Als **Ober-** $\overline{A}$ **und Untersumme** $\underline{A}$ einer Funktion f(x) definieren wir mit $x_k = a + k \cdot \Delta x$.

$$\overline{A}_n = \sum_{k=0}^{n-1} f(x_k) \cdot \Delta x \qquad \text{(Obersumme)}$$

$$\underline{A}_n = \sum_{k=1}^{n} f(x_k) \cdot \Delta x \qquad \text{(Untersumme)}$$

wobei das Intervall [a, b] in n Flächenstreifen mit der Breite $\Delta x = \dfrac{b-a}{n}$ aufgeteilt wird.

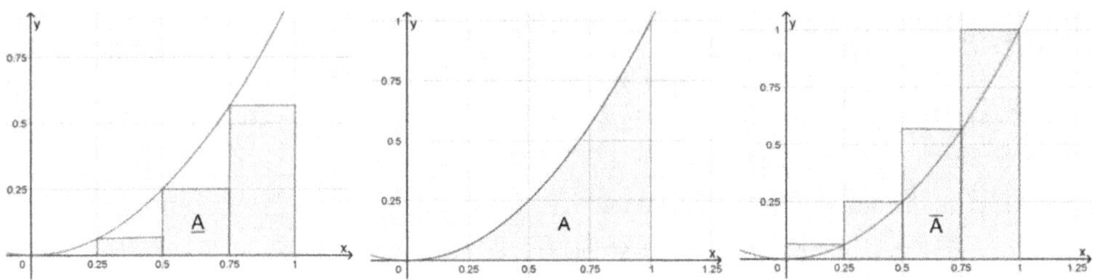

Erhöht man bei der Einteilung des Intervalls [a, b] die Zahl der Rechtecke, so wird die Annäherung an die gesuchte Fläche A durch die Näherungsflächen $\underline{A}$ und $\overline{A}$ immer besser.

Lässt man die Zahl der Flächenstreifen in einem bestimmten Intervall gegen unendlich streben, so nähern sich die Untersumme $\underline{A}$ und die Obersumme $\overline{A}$ immer mehr der gesuchten Fläche A. Die Fläche A kann als Summe unendlich vieler Flächenstreifen im Intervall [a, b] aufgefasst werden. Sie wird als „bestimmtes Integral in den Grenzen a und b" bezeichnet.

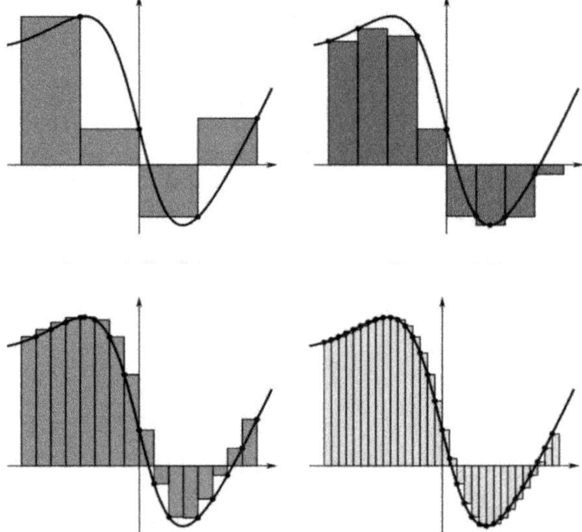

Definition: Haben die Ober- und die Untersumme für $n \to \infty$ der Funktion f(x) im Intervall $I = [a, b]$ einen gemeinsamen Grenzwert A, so nennen wir die Funktion f(x) integrierbar.

$$\lim_{n\to\infty} \overline{A}_n \qquad = \quad A \quad = \qquad \lim_{n\to\infty} \underline{A}_n$$

$$\lim_{n\to\infty} \sum_{k=0}^{n-1} f(x_k) \cdot \Delta x \quad = \quad A \quad = \quad \lim_{n\to\infty} \sum_{k=1}^{n} f(x_k) \cdot \Delta x$$

Der gemeinsame Grenzwert A entspricht der **Fläche A** im Intervall $I = [a, b]$ unter der Funktion f(x).

Die Frage, ob eine Funktion integrierbar ist, ist also gleichbedeutend damit, ob sich die Fläche unter der Funktion im Intervall I einen bestimmten reellen Wert hat. Es gilt immer:

Definition: Den (orientierten) Flächeninhalt A zwischen den Grenzen a und b, dem Funktionsgraphen f(x) und der x-Achse nennen wir **bestimmtes Integral**. Wir schreiben:

$$A = \int_a^b f(x)\, dx$$

gelesen: „Integral der Funktion f(x) von a bis b"

wobei: f(x) : Integrand, x: Integrationsvariable,

a, b: Integrationsgrenzen

Flächen unterhalb der x-Achse werden subtrahiert, da dort der Funktionswert f(x) negativ ist.

Das Integralzeichen ist ein stilisiertes S und ist ein spezielles Summenzeichen.

Aufgabe 16: Berechne für die Funktion f(x) = 3x + 2 die Obersumme $\overline{A}_n$ im Intervall von 2 bis 6 für n Flächenstreifen. Bilde den Grenzwert für n gegen ∞ und berechne so das Integral

$$\int_2^6 3x + 2\, dx \quad \text{exakt.}$$

Johannes Kepler (*1571 in Weil der Stadt; †1630 in Regensburg (Renaissance))

Naturphilosoph, Mathematiker, Astronom, Astrologe, Optiker Befasst sich im Werk „Stereometria Doliorum Vinariorum" mit Integralen.

Augustin Louis Cauchy (*1789 in Paris; †1857 in Sceaux)

Cauchy benutzte als erster eine Definition des Integrals über einen Grenzwertprozess, bei dem das Integrationsintervall in immer kleiner werdende Teilintervalle unterteilt wird.

Bernhard Riemann (*1826 bei Dannenberg, †1866 am Lago Maggiore)

Riemann berechnete das Integral mithilfe der Ober- und der Untersumme. Auch bewies er, dass jede stückweise stetige Funktion integrierbar ist.

3. Der Hauptsatz der Integral- und Differentialrechnung

Stammfunktionen und Flächenberechnung

Bei den bestimmten Integralen haben wir zwei allgemeine Ergebnisse gefunden. Wir können diese Ergebnisse nun mit den Ergebnissen von den unbestimmten Integralen vergleichen.

unbestimmtes Integral

bestimmtes Integral

$$\int c\,dx = cx + C \qquad \int_0^x c\,dt = cx$$

$$\int c\cdot x\,dx = \tfrac{1}{2}cx^2 + C \qquad \int_0^x c\cdot t\,dt = \tfrac{1}{2}x^2$$

Bei diesen Beispielen ist es offensichtlich, dass ein Zusammenhang zwischen dem bestimmten und dem unbestimmten Integral besteht. Allgemein wird dieser Zusammenhang durch den Hauptsatz der Differential- und Integralrechnung zum Ausdruck gebracht:

Hauptsatz der Differential- und Integralrechnung

$$F(x) = \int f(x)\,dx \quad \Rightarrow \quad \int_a^b f(x)\,dx = F(x)\Big|_a^b = F(b) - F(a)$$

Die Stammfunktion $F(x)$ enthält also die Information über die Fläche unter der Funktion $f(x)$. Ist die Stammfunktion bekannt, so lässt sich die Fläche leicht berechnen.

Beispiel: Gesucht ist die Fläche unter der Funktion $f(x) = 2\cdot x^3$ im Intervall $I - [2, 6]$:

$$F(x) = \int 2\cdot x^3\,dx = \frac{1}{2}\cdot x^4 \quad \Rightarrow \quad \int_2^6 2\cdot x^3\,dx = \frac{1}{2}\cdot x^4\Big|_2^6 = \frac{1}{2}\cdot 6^4 - \frac{1}{2}\cdot 2^4 = 640$$

Beachte: Die Integrationskonstante fällt bei der Bildung der Differenz weg.

Aufgabe 17: Überlege Dir geometrisch, wie gross das folgende bestimmte Integral ist. Berechne es anschliessend mit den Integrationsregeln. $\displaystyle\int_0^4 x + 1\,dx$

Aufgabe 18: Weiter oben wurden einige bestimmte Integrale durch Berechnung der Fläche bestimmt. Berechne sie nun mithilfe des Hauptsatzes der Differential- und Integralrechnung und vergleiche die Ergebnisse.

a) $\displaystyle\int_{-2}^{7} 5\,dx$ b) $\displaystyle\int_{2}^{6} x\,dx$ c) $\displaystyle\int_{0}^{6} 5x\,dx$ d) $\displaystyle\int_{-4}^{4} x^3 - x\,dx$

Aufgabe 19: Berechne den Inhalt der folgenden Flächen mithilfe des Hauptsatzes:

a) $\displaystyle\int_{-4}^{9} 12x^5\,dx$ b) $\displaystyle\int_{2}^{8} \frac{1}{x}\,dx$

Beweis des Hauptsatzes

Wir zeigen, dass die Ableitung der Fläche $F_0(x)$ im Intervall 0 bis x, sprich der Differentialquotient von

$$F_0(x) = \int_0^x f(t)dt \quad \text{an der Stelle x gleich der Funktion}$$

f(x) ist. Mit folgenden Bezeichnungen:
m ist das Minimum von f im Teilintervall [x, x+h]
M ist das Maximum von f im Teilintervall [x, x+h],

Dann ist $\qquad m \cdot h \leq F_0(x+h) - F_0(x) \leq M \cdot h$

und damit $\qquad m \leq \dfrac{F_0(x+h) - F_0(x)}{h} \leq M.$

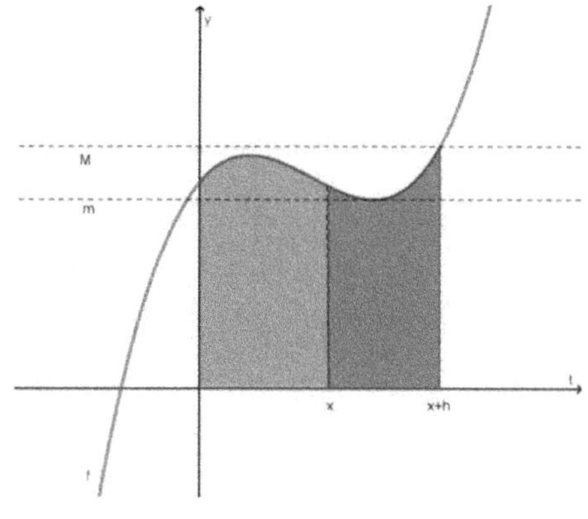

Wir erkennen den Differenzenquotienten von F_0. Für $h \to 0$ streben sowohl m wie auch M gegen f(x), falls f stetig ist: $m \to f(x)$ und $M \to f(x)$. Damit ist $F_0'(x) = f(x)$ bewiesen.

$$\lim_{h \to 0} \frac{F_0(x+h) - F_0(x)}{h} = F_0'(x) = f(x)$$

Durch beidseitiges Integrieren finden wir:

$$\int F_0'(x)\,dx = \int f(x)\,dx \quad \to \quad F_0(x) = f(x) + C$$

Es ist also $F_0(x) = F(x) + C$ und der Hauptsatz folgt direkt daraus:

$$\int_{x_1}^{x_2} f(x)\,dx = F_0(x_2) - F_0(x_1) = F(x_2) - F(x_1) = F(x)\Big|_{x_1}^{x_2} = \int_{x_1}^{x_2} f(x)\,dx$$

Beziehung zwischen Integral und Differential

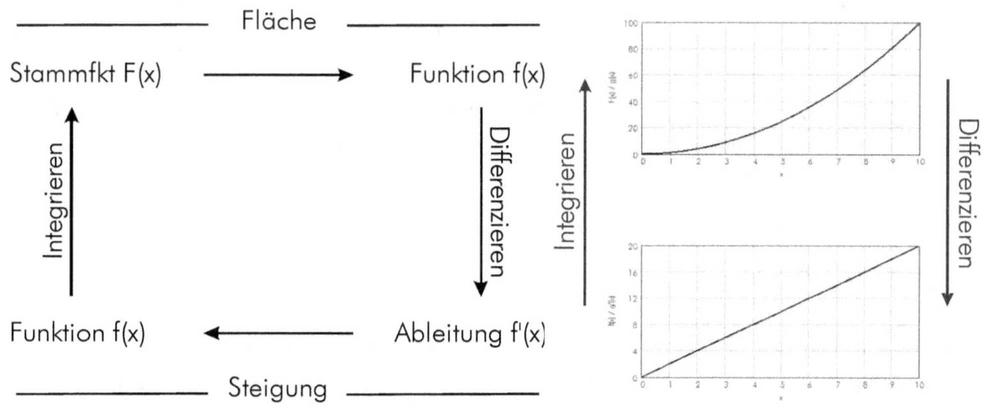

Aufgabe 20: Berechne folgende bestimmte Integrale:

a) $\displaystyle\int_1^4 x\,dx$ b) $\displaystyle\int_{-2}^4 x^3\,dx$ c) $\displaystyle\int_1^6 \frac{1}{\sqrt{x}}\,dx$ d) $\displaystyle\int_{-1}^1 k^4 t^2\,dt$

Aufgabe 21: Berechne die folgenden bestimmten Integrale:

a) $\displaystyle\int_1^4 x^3\,dx$ b) $\displaystyle\int_1^3 -3t^{-4}\,dt$ c) $\displaystyle\int_a^{2a} a\cdot x\,dx$ d) $\displaystyle\int_0^4 2x+5\,dx$

e) $\displaystyle\int_1^4 3y^2-y\,dy$ f) $\displaystyle\int_0^1 k\cdot x^2+c\,dx$ g) $\displaystyle\int_{\sqrt{2}}^{\sqrt{3}} \frac{1}{2x}\,dx$ h) $\displaystyle\int_\pi^{2\cdot\pi} \sin(x)\,dx$

i) $\displaystyle\int_c^{c+\pi} k\,dt$ j) $\displaystyle\int_{-3}^{-1} \frac{1+t}{t^3}\,dt$ k) $\displaystyle\int_0^1 \frac{1}{2}\left(e^x+e^{-x}\right)\,dx$

Aufgabe 22: Berechne b aus:

a) $\displaystyle\int_0^b t^2\,dt=72$ b) $\displaystyle\int_b^{2\cdot b} x\,dx=6$ c) $\displaystyle\int_1^b \frac{1}{x^2}\,dx=\frac{3}{7}$ d) $\displaystyle\int_e^b \frac{1}{u}\,du=1$

e) $\displaystyle\int_0^b 8t-2\sin(t)\,dt=\pi^2-2$ (Diese Gleichung musst Du durch schlaues Überlegen lösen!)

Berechnung von Flächeninhalten

Aufgabe 23: Berechne den Inhalt der gefärbten Fläche.

a) $y=\frac{1}{4}x^2+2$ b) $y=\frac{1}{2}x^2$ c) $y=\frac{1}{x^2}+1$

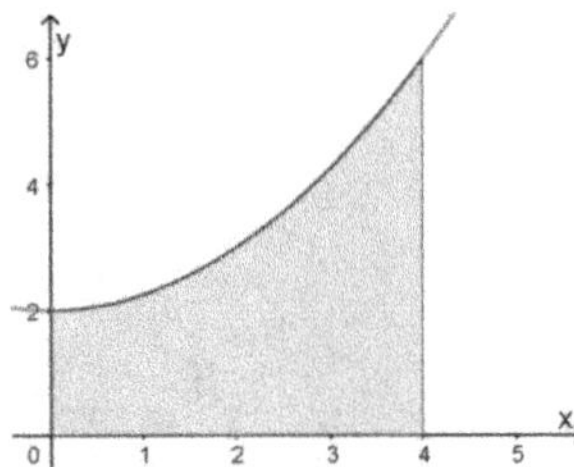 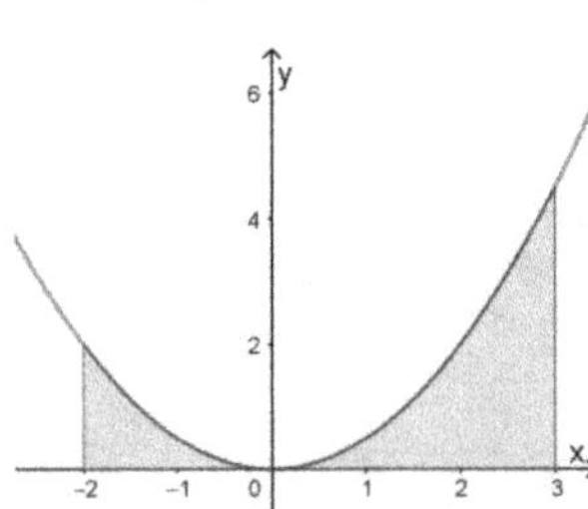 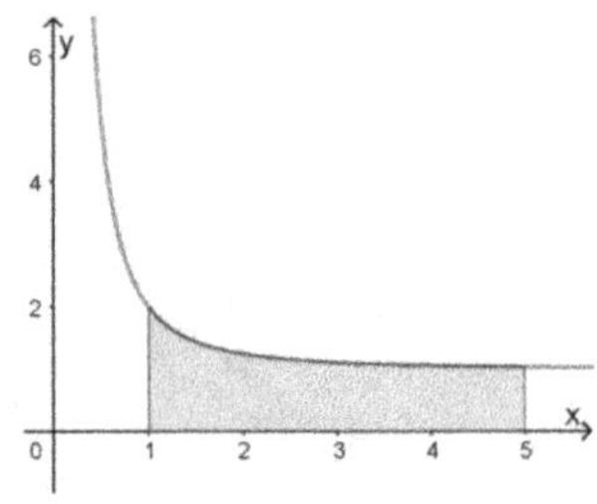

Aufgabe 24: Berechne den Inhalt des endlichen Flächenstücks, das durch die Kurve von f und die x-Achse begrenzt wird:

a) f: $y=x^2-6x-7$

b) f: $y=x^3-x$ für $x\geq0$

c) f: $y=\sin(x)$ für $x\in[0,\pi]$

Aufgabe 25: Man berechne den Flächeninhalt desjenigen Flächenstücks, das von der Kurve mit der Gleichung $y=\frac{1}{4}x^3+2$, von der x-Achse und von der Geraden mit der Gleichung $x=4$ begrenzt wird.

Aufgabe 26: Wie gross ist der Inhalt der Fläche zwischen der Kurve mit Gleichung $y = 12x^2 - 4x^3$ und der x-Achse?

Aufgabe 27: Wie gross ist der Inhalt der Fläche zwischen der Kurve mit Gleichung $y = x^2 - 6x$ und der x-Achse im Intervall [1, 4]?

Aufgabe 28: Die Arbeit in der Physik

a) In der Physik hast Du gelernt, dass die Arbeit W sich aus dem Produkt aus Kraft mal Weg ergibt ($W = F \cdot s$). Ein Körper mit Masse $m = 10$ kg wird um die Höhe $s = 10$ m angehoben. Wie viel Arbeit muss man dabei verrichten? Die Gewichtskraft ist $F = m \cdot g$ ($g \approx 10$ m/s^2: Fallbeschleunigung auf der Erdoberfläche).
Skizziere zuerst eine Funktion, wobei Du den Weg s auf der horizontalen Achse („x-Achse") und die Kraft F auf der vertikalen Achse („y-Achse") einzeichnest. Wo siehst Du in dieser Figur das Produkt $W = F \cdot s$? Berechne nun die Arbeit W.

b) Der Ausdruck $W = F \cdot s$ gilt nur, wenn die Kraft entlang dem Weg konstant ist. Ändert sich die Kraft, so wird die Berechnung ein wenig aufwendiger. Wir betrachten nun die Arbeit, die zum Spannen einer Feder mit der Federkonstanten $D = 10\ ^N/_m$ benötigt wird. Dabei wird die Feder aus der Lage $s_A = 0$ m bis in die Lage $s_B = 0.1$ m ausgelenkt. Die Kraft ist dabei durch das Hooke'sche Gesetz gegeben $F = D \cdot s$.
Skizziere wiederum die Kraft F gegen den Weg s. Wo sieht man nun in dieser Funktion die Arbeit W?

Allgemein können wir die Kraft also durch den Ausdruck $W = \int_{s_A}^{s_B} F\,ds$ berechnen.

Berechne nun die Arbeit.

c) Wird ein Körper, z. B. ein Satellit, im Gravitationsfeld der Erde um eine grosse Distanz angehoben, so ist dabei die Gravitationskraft nicht konstant. Es gilt das Gravitationsgesetz:

$$F = G \cdot \frac{M \cdot m}{s^2}$$

(s: Abstand der beiden Massen).
Mit der Masse des Satelliten, der Masse der Erde und der Gravitationskonstante ($m = 10'000$ kg, $M \approx 6.0 \cdot 10^{24}$ kg, 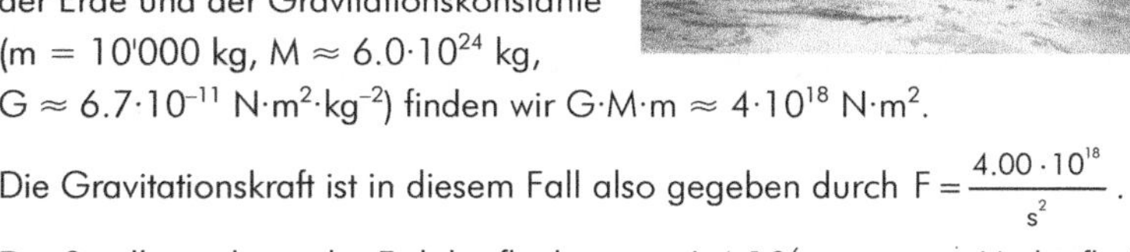 $G \approx 6.7 \cdot 10^{-11}$ N·m^2·kg^{-2}) finden wir $G \cdot M \cdot m \approx 4 \cdot 10^{18}$ N·m^2.

Die Gravitationskraft ist in diesem Fall also gegeben durch $F = \dfrac{4.00 \cdot 10^{18}}{s^2}$.

Der Satellit wird von der Erdoberfläche $s_A \approx 6.4 \cdot 10^6$ m in seine Umlaufbahn mit $s_B = 12.8 \cdot 10^6$ m geschossen. Skizziere noch einmal ein Diagramm, indem Du die Kraft F gegen den Weg s aufträgst. Wo siehst Du die Arbeit in diesem Diagramm? Berechne nun die Arbeit W, die benötigt wird, um den Satelliten in seine Umlaufbahn zu schiessen, mithilfe der allgemeinen Formel für die Arbeit.

---

4. Flächen und Volumina

Berechnung von Flächeninhalten

Flächeninhalt unter einer Kurve

Berechnung des Inhalts der Fläche A zwischen
dem Graphen von f und der x-Achse:

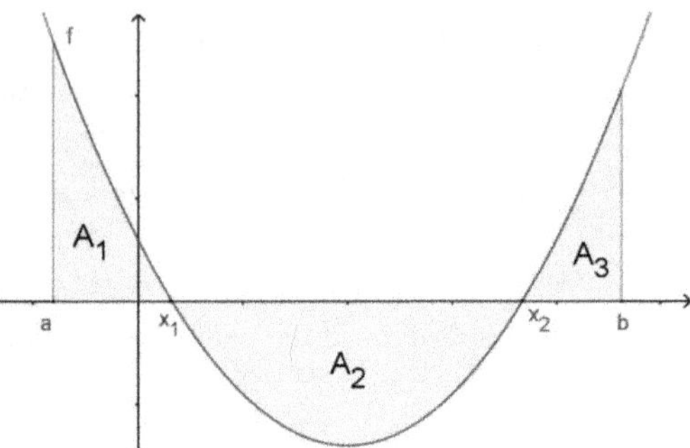

- Bestimmen aller Nullstellen x_1, x_2, ..., x_n
  der Funktion f im Intervall [a, b].

- Berechnen der Inhalte der Teilflächen über
  $[a, x_1]$, $[x_1, x_2]$, $[x_2, x_3]$, ..., $[x_n, b]$

- Addition der Teilresultate, wobei bei
  negativen Werten deren Betrag
  genommen wird.

In obenstehender Figur ergibt das:

$$A = A_1 + A_2 + A_3 = \int_a^{x_1} f(x)dx + \left| \int_{x_1}^{x_2} f(x)dx \right| + \int_{x_2}^b f(x)dx$$

Flächeninhalt zwischen zwei Kurven

1. Fall: Die Graphen schneiden sich nicht

Es seien f und g zwei stetige Funktionen mit
$f(x) \geq g(x)$ für $x \in [a,b]$.

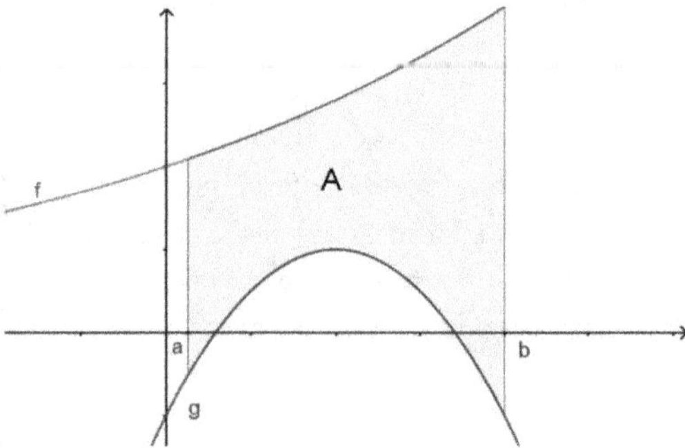

Dann gilt für den Inhalt A der Fläche zwischen
den Graphen von f und g über dem Intervall

$$[a, b]: A = \int_a^b f(x)dx - \int_a^b g(x)dx = \int_a^b f(x) - g(x)dx$$

2. Fall: Die Graphen scheiden sich

Schneiden sich die Graphen von f und g im
Intervall [a, b], so berechnet man die
Teilflächen separat.

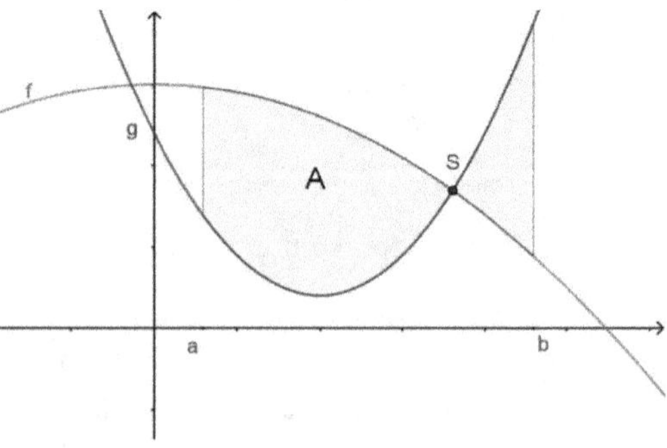

In nebenstehender Figur ergibt das:

$$A = \int_a^s f(x) - g(x)dx + \int_s^b g(x) - f(x)dx$$

Aufgabe 29: Berechne den Inhalt der Fläche, die vom Graphen von g: $y = 0.5x^2$, von der Tangente an den Graphen in P(3 | 4.5) und von der x-Achse begrenzt wird.

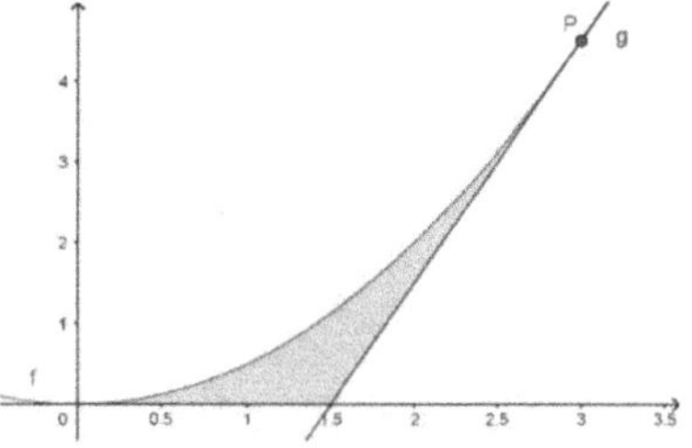

Aufgabe 30: Berechne den Inhalt der gefärbten Fläche, wobei $f(x) = \sqrt{x} + 2$.

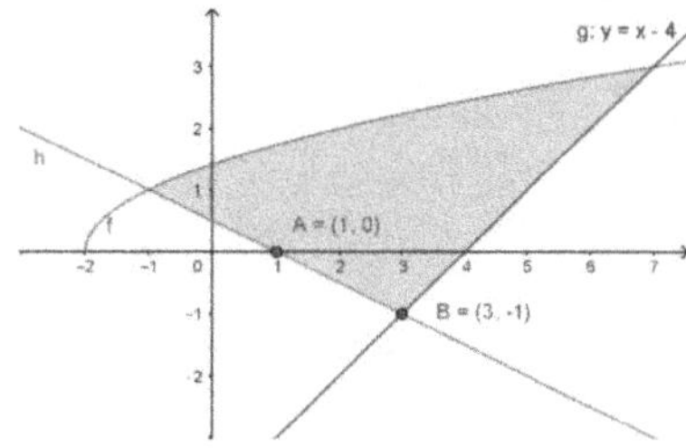

Aufgabe 31: Berechne den Inhalt der gefärbten Fläche. Hier hilft die Scheitelgleichung der quadratischen Funktion, die Du in der Quarta kennen gelernt hast. Du findest sie auch in der Formelsammlung. Die Gerade ist eine Tangente an die Parabel.

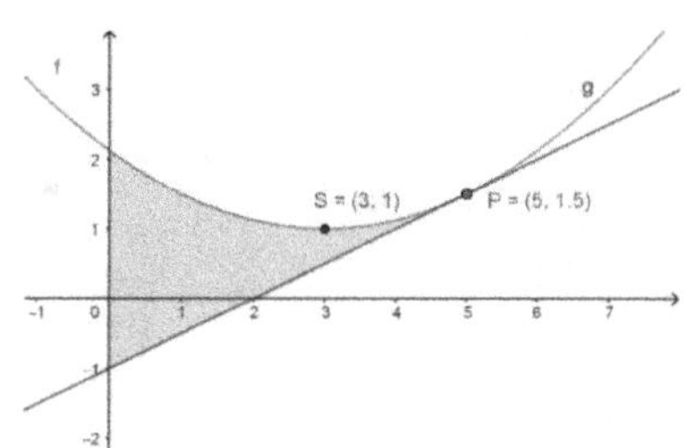

Aufgabe 32: Berechne den Inhalt der endlichen Fläche, die der Graph der Funktion f mit der x-Achse einschliesst.

   a) f: $y = x^4 - 4x^2$

Bei den folgenden Teilaufgaben ist die Gleichung etwas schwieriger zu lösen.

   b) f: $y = 5 - x - \dfrac{4}{x}$ c) f: $y = \dfrac{3}{4\sqrt{x}} + \sqrt{x} - 2$

Aufgabe 33: Berechne den Inhalt der endlichen Flächen, die durch die beiden Kurven begrenzt wird. Eine Skizze hilft dabei.

   a) k_1: $y = \dfrac{1}{2}x^2$ k_2: $y = 4 - x$

   b) k_1: $y = 9x^2 - 3x^3$ k_2: $y = 12x - 3x^2$

   c) k_1 : $y = x^2$ k_2 : $y = 8 - x^2$

   d) k_1 : $y = \dfrac{1}{4} \cdot x^3$ k_2 : $y = \sqrt{2 \cdot x}$

Bei den folgenden Teilaufgaben ist die Gleichung etwas schwieriger zu lösen.

   e) k_1: $y = (x - 2)^2$ k_2: $y = \sqrt{x - 2}$

   f) k_1 : $y^2 = 4 - x$ k_2 : $y^2 = 4 + x$

Aufgabe 34: Die Kurve mit der Gleichung $y = \frac{1}{3}x^2$ wird an der Winkelhalbierenden durch den 1. und 3. Quadranten gespiegelt. Welcher Inhalt hat das von den beiden Kurven umschlossene Flächenstück?

Aufgabe 35: Die Kurven mit den Gleichungen $y = \sin(x)$ und $y = 1 - \cos(x)$ umschliessen zwischen $x = 0$ und $x = 2\pi$ zwei Flächenstücke. Berechne ihre Inhalte. Die Gleichung musst Du durch schlaues Überlegen lösen.

Aufgaben, bei denen ein Parameter bestimmt werden muss.

Aufgabe 36: Wie gross muss k sein, damit die Fläche zwischen dem Graphen von f: $y = k\left(1 - \frac{x^2}{4}\right)$ und der x-Achse den Inhalt 8 hat?

Aufgabe 37: Bestimme für die Geraden $x = a$ bzw. $y = a$ den Wert a mit $0 < a < 4$ so, dass $A_1 = A_2$ gilt. Teilaufgabe b ist aufwändig.

a)

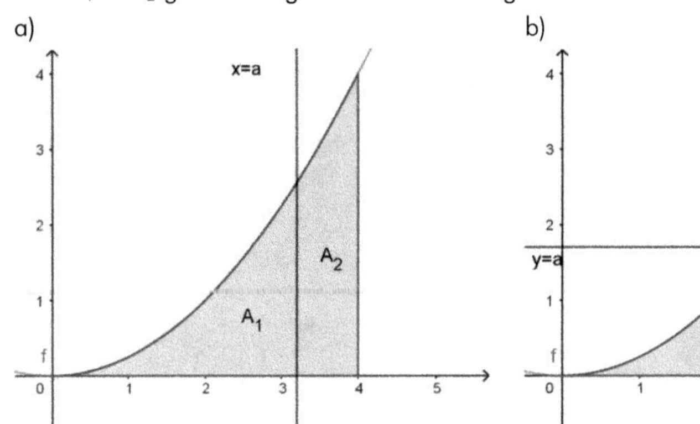

b)

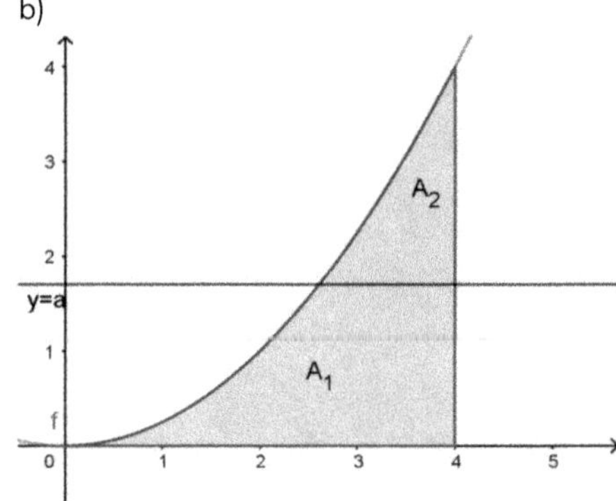

Aufgabe 38: Für welchen Wert von u halbiert die Gerade $x = u$ das Gebiet, das von der Sinuskurve, der x–Achse, der y–Achse und der Geraden $x = {}^\pi/_2$ begrenzt wird?

Aufgabe 39: Für welchen Wert des Parameters a schliesst die Kurve mit der Gleichung $y = -\frac{1}{3}x^3 + a \cdot x$ zusammen mit der x-Achse im 1. Quadranten eine Fläche mit dem Inhalt 6 ein? Es ist $a > 0$.

Aufgabe 40: Wie gross muss $a > 0$ sein, damit der Inhalt der Fläche zwischen der x-Achse und der Kurve mit der Gleichung $y = -ax^3 + (a+1) \cdot x$, $x \geq 0$, minimal wird?

Das Volumen von Rotationskörpern

Auch den Rauminhalt eines Körpers können wir mit Hilfe
eines Integrals lösen. Um dies einzusehen, betrachten wir
als Beispiel den Körper in der nebenstehender Figur.
Er entsteht, wenn die Fläche zwischen dem Graphen der
Funktion $f: y = \sqrt{x}$ über dem Intervall [0, b] um die
x-Achse rotiert wird. Indem wir dem Körper n gleich
dicke, zylinderförmige Scheiben einbeschreiben oder
umbeschreiben, gelangen wir zu einer Untersumme $\underline{V}$
bzw. Obersumme $\overline{V}$ für das Körpervolumen V.

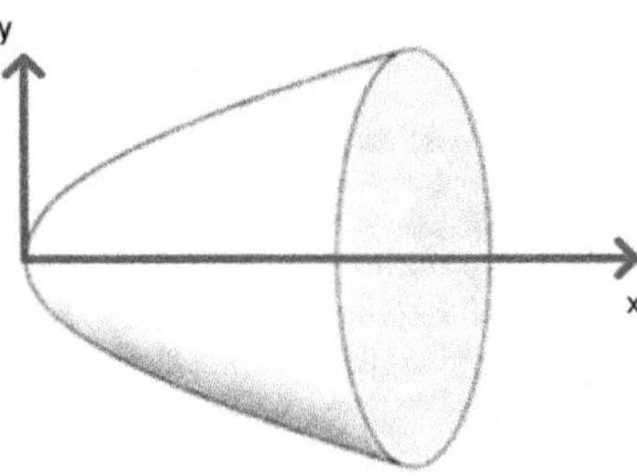

Jede Scheibe hat die Dicke d erzeugt ein Schnitt
orthogonal zur x-Achse eine Schnittfläche mit dem
Inhalt q(x), so gilt:

$$\overline{A} = q(d) \cdot d + q(2d) \cdot d + q(3d) \cdot d + ... + q(nd) \cdot d$$

Der gesuchte Rauminhalt V erweist sich als Grenzwert
einer Folge von Untersummen bzw. Obersummen für
$n \to \infty$, also als Integral der Querschnittsfunktion q(x).

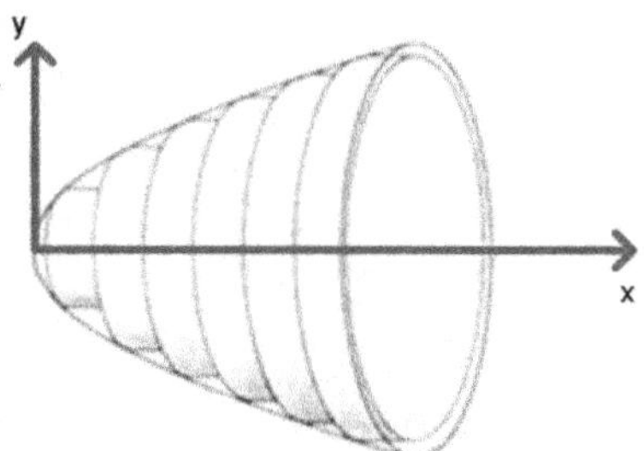

Rotiert die Fläche zwischen dem Graphen einer Funktion f und der x-Achse über [a, b] um die
x-Achse, so ist $q(x) = \pi \cdot f(x)^2$. Somit gilt:

Satz: Ist f im Intervall [a, b] stetig, so entsteht bei der Rotation der Fläche zwischen dem Funktionsgraphen von f und der x-Achse über dem Intervall [a, b] ein ***Rotationskörper*** mit dem Inhalt

$$V = \pi \int_{a}^{b} [f(x)]^2 \, dx$$

Aufgabe 41: Die Kurve der Funktion f: $y = 4x(x - 6)$ begrenzt zusammen mit der x-Achse ein
endliches Flächenstück. Berechne das Volumen desjenigen Körpers, der durch Rotation dieses
Flächenstücks um die x-Achse entsteht.

Aufgabe 42: Gegeben sei die Funktion f: $y = \left(1 - \frac{x}{k}\right)\sqrt{x}$ mit k > 0 und $0 \le x \le k$. Durch Rotation
des Graphen von f um die x-Achse entsteht ein Drehkörper.

Für welches k ist sein Volumen gleich $\frac{4\pi}{3}$?

Aufgabe 43: Durch die Gleichung $x^2 + y^2 = r^2$ wird ein Kreis mit Mittelpunkt M(0|0) und Radius
r = 1 beschrieben. Durch Rotation dieses Kreises um die x-Achse entsteht eine Kugel.
Berechne deren Volumen.

5. Uneigentliche Integrale

Die nebenstehende Figur zeigt den Graphen der

Funktion f: $y = \dfrac{1}{x^2}$.

Die Fläche zwischen dem Funktionsgraphen und der
x-Achse über dem Intervall [1, b] hat den Inhalt

$$\int_{1}^{b} \frac{1}{x^2}\,dx = \quad 1 - \frac{1}{b}$$

Wie gross ist also die Fläche unter der Kurve von 1
bis ins Unendliche b → ∞? Wir finden:

$$\lim_{b\to\infty} \int_{1}^{b} \frac{1}{x^2}\,dx = \quad 1$$

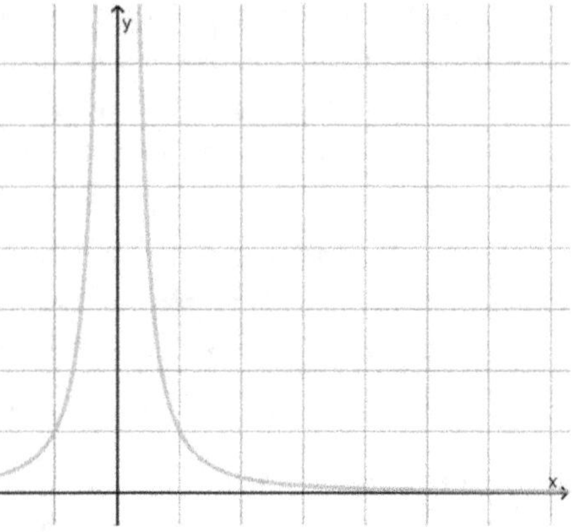

Das ins Unendliche reichende Flächenstück zwischen
der Kurve von f und der x-Achse über dem Intervall
[1, ∞] hat den Flächeninhalt 1.

Eine entsprechende Überlegung für g: $y = \dfrac{1}{\sqrt{x}}$ ergibt:

$$\int_{1}^{b} \frac{1}{\sqrt{x}}\,dx = 2\sqrt{x}\,\Big|_{1}^{b} = 2\sqrt{b} - 2 .$$

Dieses Integral hat für b → ∞ keinen Grenzwert.
Die Fläche zwischen dem Graphen von g und der
x-Achse über [1, ∞] hat also keinen endlichen
Flächeninhalt.

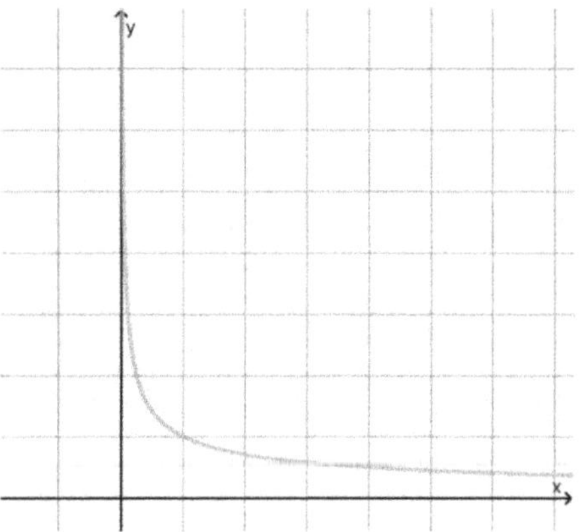

Definition: Auch Integrale mit ∞ oder −∞ als Integrationsgrenzen können in gewissen Fällen berechnet werden. Existiert der Grenzwert für b → ∞ oder a → −∞, so nennt man diesen
Grenzwert **uneigentliches Integral** und wir schreiben:

$$\int_{a}^{\infty} f(x)\,dx = \lim_{b\to\infty} \int_{a}^{b} f(x)\,dx \qquad\qquad \text{bzw.} \qquad\qquad \int_{-\infty}^{b} f(x)\,dx = \lim_{a\to-\infty} \int_{a}^{b} f(x)\,dx$$

Aufgabe 44: Berechne die folgenden Integrale:

a) $\displaystyle\int_{1}^{\infty} \frac{2}{x^2}\,dx$
b) $\displaystyle\int_{0}^{\infty} e^{-x}\,dx$
c) $\displaystyle\int_{-\infty}^{1} e^{2u+1}\,du$

Aufgabe 45: Berechne das bestimmte Integral der Funktion $f(x) = \dfrac{1}{x}$ in diesen Intervallen:

a) [4, 8]   b) [10, 20]   c) [35, 70]

d) [2, ∞]   e) [8, ∞]   f) [1000, ∞]

g) [0, ∞]   h) [−5, ∞]   i) [−∞, ∞]

6. Anwendungen

Aufgabe 46: Die Grenzkosten in Euro pro Stück eines bestimmten Produktes sind gegeben durch den Funktionsterm $GK(x) = 4.5x^2 - 36x + 75$, die fixen Kosten betragen 90 Euro. Ermittle die Gesamtkosten $K(x)$ sowie die gesamten Kosten bei einer Produktionsmenge von 6 Stück. (Bemerkung: Die Grenzkosten stellen die Steigungsfunktion der Gesamtkosten dar.)

Aufgabe 47: Ein auf ein Riff aufgelaufener Öltank verliert durch ein Leck Öl. Der Ölteppich bereitet sich ungefähr mit der Geschwindigkeit $\frac{dR}{dt} = \frac{8}{\sqrt{t}}$ ($t \geq 1$) radial aus, wobei $R(t)$ den Radius des kreisförmigen Ölteppichs in Metern nach t Minuten angibt. Nach einer Minute beträgt der Radius bereits 15 Meter. Berechne den Radius nach 49 Minuten.

Aufgabe 48: Die Beschleunigung eines startenden Autos nimmt mit der Zeit linear ab. Zur Zeit $t = 0$ s sei $a = 4$ m/s^2, zur Zeit $t = 10$ s sei $a = 2$ m/s^2. Ermittle den Funktionsterm $a(t)$ für die Beschleunigung in Abhängigkeit der Zeit t. Berechne dann $v(t) = \int a(t)\, dt$ und $s(t) = \int v(t)\, dt$ unter Beachtung von $v(0) = 0$ und $s(0) = 0$.

Welche Geschwindigkeit erreicht das Auto nach 10 Sekunden?
Welchen Weg hat es bis dahin zurückgelegt?

Lösungen

1. a) $5x + C$ b) $cx + C$

    c) $\frac{3}{2}x^2 + C$ d) $-x^2 + C$

    e) $\frac{1}{2}cx^2 + 2x + C$ f) $\frac{1}{2}mx^2 + qx + C$

    g) $\frac{1}{2}x^2 + C$ h) $\frac{1}{4}x^2 + C$

    i) $\frac{c}{2}x^2 + C$ j) $\frac{1}{3}x^3 + C$

    k) $\frac{1}{4}x^4 + C$ l) $\frac{1}{r+1}x^{r+1} + C$

    m) $-\frac{1}{3x^3} + C$ n) $-\frac{1}{2x^2} + C$

    o) $\ln|x| + C$

2. a) $\int x^8 dx = \frac{1}{9}x^9 + C$ b) $\int x^{-3} dx = -\frac{1}{2x^2} + C$

    c) $\int x^{\frac{5}{3}} dx = \frac{3}{8}x^{\frac{8}{3}} + C$ d) $\int \sqrt{x}\, dx = \frac{2}{3}x^{\frac{3}{2}} + C$

    e) $\int \frac{1}{\sqrt[3]{x}} dx = \frac{3}{2}x^{\frac{2}{3}} + C$ f) $\int x^2\sqrt{\sqrt[3]{x^6}}\, dx = \frac{1}{4}x^4 + C$

3. a) $\int c\, dx = c \cdot x \quad \text{mit } c = 1$

      $\rightarrow \int 1\, dx = 1 \cdot x = x$

      $\int x^r dx = \frac{1}{r+1} \cdot x^{r+1} \quad \text{mit } r = 0$

      $\rightarrow \int 1\, dx = \int x^0 dx = \frac{1}{0+1} \cdot x^{0+1} = 1 \cdot x^1 = x$

   b) $\int c \cdot x\, dx = \frac{c}{2} \cdot x^2 \quad \text{mit } c = 1 \text{ folgt}$

      $\rightarrow \int x\, dx = \int 1 \cdot x\, dx = \frac{1}{2} \cdot x^2$

      $\int x^s dx = \frac{1}{s+1} \cdot x^{s+1} \quad \text{mit } s = 1$

      $\rightarrow \int x\, dx = \int x^1 dx = \frac{1}{1+1} \cdot x^{1+1} = \frac{1}{2} \cdot x^2$

   c) $\int x^r dx = \frac{1}{r+1} \cdot x^{r+1} \quad \text{mit } r = -1$

      $\rightarrow \int x^{-1} dx \frac{1}{-1+1} \cdot x^{-1+1} = \frac{1}{0} \cdot x^0 = \text{nicht def.}$

      $\int x^{-1} dx = \int \frac{1}{x} dx = \ln|x| \quad (x \neq 0)$

4. –

5. a) $\frac{3}{2}x^2 + C$ b) $\frac{1}{4}t^4 + C$

    c) $\frac{a}{3}t^3 + C$ d) $x^3 - x^2 + 3x + C$

    e) $4x^{\frac{3}{2}} + C$ f) $\frac{2}{3}z^{\frac{3}{2}} - \frac{3}{4}z^{\frac{4}{3}} + C$

    g) $\frac{1}{4}t^3 - \frac{3}{4}t + \frac{5}{4}\ln|t| + \frac{7}{4}\frac{1}{t} + C$

    h) $\frac{a^2}{3}x^3 - b^2x + C$

    i) $-2\cos(x) - 3\sin(x) + C$

    j) $2 \cdot e^z + C$ k) $-e^{-3z} + C$

    l) $2 \cdot e^u - \frac{1}{2}e^{2u} + C$ m) $\frac{1}{\ln(5)} \cdot 5^t + C$

    n) $\frac{1}{\ln(36)} \cdot 6^{2x} + C$ o) $\frac{1}{\ln(4)} \cdot 4^{z+5} + C$

    p) $-8\cos(x) + 4\sqrt{2} \cdot \sqrt{x} + C$

6. $F(x) = \frac{1}{4}x^4 - \frac{2}{3}x^3 + x + \frac{17}{12}$

7. $f(x) = \frac{2}{3}x^3 - 3x^2 + 5$

8. $F(x) = \frac{1}{2}x^2 - \sin(x)$

9. a) $f(x) = \frac{1}{3}x^3 + 4x + \frac{8}{3}$

   b) $f(x) = -\sin(x) + 1$

   c) $f(x) = \frac{4}{3}x^{\frac{3}{2}} - 4x + 8$

   d) $f(x) = \frac{1}{12}x^4 - \frac{1}{6}x^3 - x^2 + \frac{37}{6}x + \frac{35}{12}$

10. a) $F(x) = e^x(x - 1) + C$

   b) $F(x) = \sin(x) - x\cos(x) + C$

   c) $F(x) = 0.5x^2\ln(x) - 0.25x^2 + C$

   d) $F(x) = 0.5x - 0.5\sin(x)\cos(x) + C$

   e) $F(x) = x(\ln|x| - 1) + C$

   f) $F(x) = 0.5 \cdot [\ln(x)^2] + C$

   g) $F(x) = x[\ln(x)^2] - 2x\ln(x) + 2x + C$

   h) $F(x) = \frac{1}{2}(\cos(x) + \sin(x)) \cdot e^x + C$

   i) $F(x) = \frac{1}{3}x^3 \cdot \ln(x) - \frac{1}{9}x^3 + C$

   k) $F(x) = -\frac{1}{2}(\cos(x) + \sin(x)) \cdot e^{-x} + C$

   l) $F(x) = -\frac{1}{3}\cos(x)(\sin^2(x) - 2) + C$

11. a) $F(x) = \frac{2}{15}\sqrt{(5x + 12)^3} + C$

   b) $F(x) = \frac{1}{12}(3x + 5)^4 + C$

   c) $F(x) = \frac{1}{4}e^{4x-3} + C$

   d) $F(x) = -2\cos(2x - 4) + C$

   e) $F(x) = 0.5\ln(x^2 + 1) + C$
     Tipp: $u = x^2 + 1$

   f) $F(x) = \frac{1}{3\cos^3(u)} + C$
     Tipp: $u = \cos(x)$

   g) $F(x) = -\ln(\cos(x)) + C$
     Tipp: vgl f) und $\tan(x) = \sin(x)/\cos(x)$

   h) $F(x) = \frac{\arcsin(x)}{2} + \frac{x\sqrt{1-x^2}}{2} + C$
     Tipp: $x = \sin(u)$

12. a) 45 km   b) ≈ 100 km

13. a) 45 b) $7c$

   c) -25 d) $c \cdot x$

   e) 18 f) 16

   g) 10 h) 0

   i) 36 k) -36

   l) 90 m) $18c$

   n) $\frac{c}{2}x^2$ o) 56

   p) 0 q) 0

   r) 0 s) 0

   t) 16 u) -4

14. a) $\approx \frac{1}{3}$ b) ≈ 42

15. a) $\overline{A}_4 = \frac{15}{32}$ b) $\underline{A}_4 = \frac{7}{32}$

    c) $\overline{A}_8 = \frac{51}{128} \;;\; \underline{A}_8 = \frac{35}{128}$

    d) $\overline{A}_n = \frac{(n+1)(2n+1)}{6n^2} \;;\; \underline{A}_n = \frac{(n-1)(2n-1)}{6n^2}$

    e) $\lim\limits_{n\to\infty} \overline{A}_n = \lim\limits_{n\to\infty} \underline{A}_n = \frac{1}{3}$

    f) $A = \frac{1}{3}$

16. $A = 56$

17. $A = 12$

18. a) 45 b) 16
    c) 90 d) 0

19. a) $1'054'690$ b) $2\cdot\ln(2) \approx 1.386\ldots$

20. a) 7.5 b) 60
    c) $2\sqrt{6} - 2$ d) $\frac{2}{3}k^4$

21. a) $^{255}/_4 = 63.75$ b) $-^{26}/_{27}$
    c) $\frac{3}{2}a^3$ d) 36
    e) $^{111}/_2 = 55.5$ f) $\frac{1}{3}k + c$
    g) $\frac{1}{2}\left(\ln(\sqrt{3}) - \ln(\sqrt{2})\right) \approx 0.101\ldots$
    h) -2 i) $\pi\cdot k$
    j) $^2/_9$
    k) $\frac{1}{2}e - \frac{1}{2}e^{-1} \approx 1.175\ldots$

22. a) $b = 6$
    b) $b = 2 \;\vee\; b = -2$
    c) $b = {}^7/_4$
    d) $b = e^2 = 7.389\ldots$
    e) $b = {}^{\pi}/_2 \;\vee\; b = -{}^{\pi}/_2$

23. a) $A = \frac{40}{3}$ b) $A = \frac{35}{6}$ c) $A = \frac{24}{5}$

24. a) $\frac{256}{3}$ b) $\frac{1}{4}$ c) 2

25. $A = 27$

26. $A = 27$

27. $A = 24$

28. a) $F(s) = $ konstante Funktion
      $W = 1000$ Joule
    b) $F(s) = $ lineare Funktion durch den Nullpunkt
      $W = 0.05$ Joule
    c) $F(s) = $ quadratische Hyperbel
      $W = 3.1\cdot 10^{11}\,J = 310$ GJ

29. Tangente: $y = 3x - 4.5$
     $A = {}^9/_8$

30. $g_1: y = -0.5x + 0.5$
     $g_2: y = x - 4$
     $A = {}^{40}/_3$

31. $f : y = \frac{1}{8}x^2 - \frac{3}{4}x + \frac{17}{8}$
     $t : y = 0.5x - 1$
     $A = \frac{125}{24} \approx 5.21$

32. a) $\frac{128}{15}$ b) $\frac{15}{2} - 8\ln(2) \approx 1.9548\ldots$
    c) $\frac{1}{3}$

33. a) $A = 18$ b) $A = 4$
    c) $A = {}^{64}/_3$ d) $A = {}^5/_3$
    e) $A = {}^1/_3$ f) $A = {}^{64}/_3$

34. $A = 3$

35. $2 - \frac{1}{2}\pi \approx 0.429$
     $2 + \frac{3}{2}\pi \approx 6.712$

36. $k = \pm 3$

37. a) $a = 2\sqrt[3]{4} \approx 3.175$
    b) $a = 1$

38. $u = \frac{1}{3}\pi$

39. $a = \sqrt{8} \approx 2.828$

40. $a = 1$

41. $4147.2\cdot\pi \approx 13'028.81$

42. $k = 4$

43. $V = {}^4/_3\cdot\pi$

44. a) 2 b) 1
    c) $\frac{1}{2}e^3 \approx 10.043\ldots$

45. a) $\ln(2) \approx 0.693\ldots$ b) $\ln(2) \approx 0.693\ldots$
    c) $\ln(2) \approx 0.693\ldots$ d) ∞
    e) ∞ f) ∞
    g) ∞ h) ∞
    i) 0

46. $K(x) = 1.5x^3 - 18x^2 + 75x + 90$
     $K(6) = 216$ Euro

47. $R(t) = 16\sqrt{t} - 1$ $R(49) = 111$ m

48. $a(t) = -\frac{1}{5}t + 4$ $a(10\ s) = 2$ m/s^2
     $v(t) = -\frac{1}{10}t^2 + 4t$ $v(10\ s) = 30$ m/s
     $s(t) = -\frac{1}{30}t^3 + 2t^2$ $s(10\ s) \approx 166.67$ m

Bildquellen

Seite 1   „Numerische Integration" von KSmrq via Wikimedia Commons (Creative Commons BY-SA 3.0)
Seite 12   „Numerische Integration" von KSmrq via Wikimedia Commons (Creative Commons BY-SA 3.0)
Seite 13   „Johannes Kepler", Benediktiner Abtei in Kremsmünster via Wikimedia Commons (Public Domain)
            „Cauchy", Dibner Library of the History of Science and Technolog via Wikimedia Commons (Public Domain)
            „Bernhard Riemann" via Wikimedia Commons (Public Domain)
Seite 17   „Satellit" USAF (Los Angeles AFB) via Wikimedia Commons (Public Domain)
Alle restlichen Grafiken von Christian Wyss (Creative Commons BY-SA 4.0)
Die Creative Commons Lizenzen sind unter https://creativecommons.org/ erhältlich.
Das vorliegende Skript wurde von Dr. Christian Wyss erstellt und ist unter www.mathema.ch zu beziehen.

Schlussworte

Urheberrechte & Bildquellen

Das vorliegende Werk erhebt keinen Anspruch auf wissenschaftliche Originalität, sondern stellt eine Einführung in die Thematik dar. Bei der Erstellung der Unterlagen wurden die freie Enzyklopädie Wikipedia und andere Quellen unter freien Lizenzen konsultiert. Die Texte enthalten deshalb teilweise Paraphrasen aus diesen Quellen. Viele der Übungen wurden selbst verfasst. Bei vielen Aufgaben liess ich mich dabei von Aufgaben von Kolleginnen und Kollegen inspirieren.

Die Bildquellen und zugehörigen Urheberrechte sind im jeweiligen Skript detailliert aufgeführt. Sie dürfen, sofern entsprechend ausgewiesen, im Rahmen der jeweiligen freien Lizenzverträge (Creative Commons www.creativecommons.org, GNU Public Licence www.gnu.org, Public Domain) weiterverwendet werden.

Danksagungen

Ich möchte meinen aufrichtigen Dank an meine Kolleginnen und Kollegen sowie an die engagierten Schülerinnen und Schüler aussprechen, die sich die Zeit genommen haben, mir Fehler und Unstimmigkeiten in den Skripten zu melden. Ein besonderer Dank gilt meiner Frau Caroline, die die Skripte sorgfältig gegengelesen und wertvolle Korrekturen vorgenommen hat. Ihre Unterstützung war von unschätzbarem Wert und hat massgeblich zur Verbesserung der Skripte beigetragen.

Über den Autor

Christian Wyss schloss sein Studium in Physik, Mathematik und Philosophie an der Universität Bern ab, wo er in angewandter Laserphysik promovierte. Bereits während seiner Studienzeit engagierte er sich als Lehrer an verschiedenen Gymnasien. In der Folge vertiefte er seine Expertise in der universitären Forschung als Postdoctoral Fellow an den Universitäten von Canterbury und Otago in Neuseeland. Bevor er sich seinem Berufsziel als Gymnasiallehrer zuwandte, erweiterte er seinen Erfahrungshorizont und wirkte als Patent- und Innovationsexperte beim eidgenössischen Amt. Im Anschluss gründete und leitete er erfolgreich eine Spin-off-Firma in der Technologiebranche.

mathema

Das altgriechische Wort μάθημα (máthēma) bedeutet Wissen, Studium, Lehre, Unterricht und heisst wörtlich „das, was gelernt wurde".

Klassenmaterial

Mit dem Erwerb dieses Buches erhalten Sie gleichzeitig die Berechtigung zur Nutzung der Unterrichtsunterlagen für Ihre Schülerinnen und Schüler. Im Internet stehen Kopiervorlagen der Unterrichtsunterlagen, bestehend aus unausgefüllten Skripten und den dazugehörigen Lernzielen, zum Download zur Verfügung.

Adresse: www.mathema.ch / Passwort: 88Zuw!L4

www.ingramcontent.com/pod-product-compliance
Lightning Source LLC
LaVergne TN
LVHW080600200726
843510LV00004B/966